DK 621.791-98:621.785.375

FORSCHUNGSBERICHTE
DES WIRTSCHAFTS- UND VERKEHRSMINISTERIUMS
NORDRHEIN-WESTFALEN

Herausgegeben von Staatssekretär Prof. Dr. h. c. Dr. E. h. Leo Brandt

Nr. 531

Prof. Dr.-Ing. habil. Karl Krekeler
Dipl.-Ing. Hans Verhoeven
Dipl.-Ing. Horst Ernenputsch

Autogenes Entspannen
bei niedrigen Temperaturen

Als Manuskript gedruckt

WESTDEUTSCHER VERLAG / KÖLN UND OPLADEN

1958

ISBN 978-3-663-03532-9   ISBN 978-3-663-04721-6 (eBook)
DOI 10.1007/978-3-663-04721-6

Forschungsberichte des Wirtschafts- und Verkehrsministeriums Nordrhein-Westfalen

G l i e d e r u n g

1. Einleitung . . . . S. 5

2. Spannungen . . . . S. 5

3. Schweiß- und Schweißrestspannungen . . . . S. 7

4. Messung von Spannungen . . . . S. 9

    a) Zerstörungsfreie Meßverfahren . . . . S. 11

    b) Verfahren mit Voll- und Teilzerstörung . . . . S. 15

5. Möglichkeiten zur Spannungsauslösung . . . . S. 18

6. Verfahren zum Spannungsabbau . . . . S. 20

7. Autogenes Entspannen bei niedrigen Temperaturen . . . . S. 21

8. Aufbau des Entspannungsgerätes . . . . S. 24

9. Temperaturmessung . . . . S. 26

10. Entspannungsversuche . . . . S. 36

11. Gegenüberstellung der Verfahren
    der Spannungsmessung . . . . S. 43

12. Gegenüberstellung der Verfahren
    der Spannungsauslösung . . . . S. 44

13. Gegenüberstellung der Verfahren
    des Spannungsabbaues . . . . S. 45

14. Zusammenfassung . . . . S. 46

15. Literaturverzeichnis . . . . S. 48

Forschungsberichte des Wirtschafts- und Verkehrsministeriums Nordrhein-Westfalen

1. Einleitung

Mit dem Wunsche, eine zunehmende Ausnutzung und damit eine größere Wirtschaftlichkeit eines Bauteiles zu erzielen, ohne die erforderliche Sicherheit zu mindern, ist es notwendig, sich mit der Frage der Eigenspannungen zu befassen. Alle Maschinenbaustoffe und besonders die Stähle sind in ihren meisten Lieferformen mit durch ihre Metallurgie und bildsamem Formgebung bedingten inneren Spannungen behaftet. Größere Bedeutung jedoch haben die mit der Verarbeitung des Werkstückes in den Endzustand verknüpften Eigenspannungen, wie sie z.B. als Folge eines jeden Schweißvorganges auftreten. Während die zur ersten Gruppe zählenden Spannungen durch geeignete Glühverfahren schon vor der Weiterverarbeitung aufgehoben werden, wurde schon seit längerem nach Möglichkeiten gesucht, auf wirtschaftliche Weise die letztgenannten Spannungen abzubauen. In neuerer Zeit findet zur Aufhebung von Schweißspannungen das in Amerika entwickelte Verfahren des "Autogenen Entspannens bei niedrigen Temperaturen" auch in Deutschland verbreitet Anwendung. Stellt man es den bekannten Glühverfahren zum Spannungsabbau gegenüber, so bietet es die Vorteile der einfachen Handhabung und der universellen Anwendung. Das autogene Entspannen ist unabhängig von der Größe des Bauteiles. Es ist lediglich erforderlich, daß die Schweißnaht zugänglich ist. Die Blechdicke darf eine bestimmte Stärke von 40 mm nicht übersteigen, es sei denn, man kann von beiden Seiten entspannen. Das Verfahren erweist sich als äußerst wirtschaftlich, da die Anschaffungs- und Betriebkosten sehr gering sind. Sie stehen in keinem Vergleich zu den ersparten Material- und Fertigungskosten.

2. Spannungen

Unter Eigenspannungen im allgemeinen Sinne versteht man die in einem Bauteil durch vorausgegangene äußere und innere Wirkungen entstandenen inneren Spannungen. Sie befinden sich nach Größe und Verteilung im Gleichgewicht. Die Summe der durch sie bedingten Kräfte und Momente ist gleich Null.

Die einzelnen Eigenspannungsarten werden je nach ihrer Ausbildung und Entstehung eingeteilt.

Zu den Reaktionsspannungen faßt man die im Werkstoff auftretenden, äußeren Kräften das Gleichgewicht haltenden Spannungen zusammen. Zu ihnen zählt man alle Einspannkräfte und alle Kräfte, die bei der Weiterverarbeitung auftreten, z.B. beim Walzen, Schmieden, Drehen usw.

Die Ursache der sogenannten mikroskopischen Spannungen liegt in den Auswirkungen unterschiedlicher Korngröße im Gefüge des Werkstückes. Sie werden ferner durch entstehende Zwangszustände bei der Kristallumwandlung hervorgerufen, so z.B. bei der Bildung von Martensit. Dieser besitzt ein verspanntes Alpha-Gitter, da wegen der großen Umwandlungsgeschwindigkeit von der Gamma- in die Alpha-Phase die nötigen Diffusionszeiten für den Kohlenstoff fehlen.

Als weitere wichtige Gruppe von Spannungen sind die makroskopischen Eigenspannungen zu erwähnen. Ihr Auftreten kann nicht ohne weiteres auf äußere, mechanische Kräfte zurückgeführt werden. Neben den Spannungen auf Grund unterschiedlicher Dickenverhältnisse und den Kerb- und Quellspannungen an hygroskopischen Stoffen müssen entsprechend ihrer Bedeutung besonders die Wärmespannungen hervorgehoben werden. Sie treten bei ungleichmäßiger Abkühlung oder Erwärmung des Werkstoffes oder auf Grund benachbarter plastischer und elastischer Verformung auf. Die nur elastisch beanspruchten Teile zwingen den bereits plastisch verformten Zonen nach Aufhören der äußeren Kraftwirkung umgekehrte, federnde Vorspannungen auf die um so ausgeprägter sind, je höher die Fließgrenze, je größer die örtliche Fließbehinderung, je kleiner die Bereiche höchster Beanspruchung waren, und je höher der Elastizitätsmodul des plastisch verformbaren Werkstoffes ist. Unter diese Gruppe fallen alle die Spannungen, die als Schweiß- und Schweißrestspannungen bekannt sind.

Die Auswirkungen der Eigenspannungen auf das Festigkeitsverhalten sind auch heute noch in vielen Fragen ungeklärt. Man findet häufig Vermutungen, daß das Spannungsgefälle keinen Einfluß auf die Zerreiß- und Dauerfestigkeit hat. Jedoch muß bekannt sein, ob der Spannungszustand einachsig oder mehrachsig auftritt, da in diesem Falle die Streckgrenze einen unterschiedlichen Wert annimmt. Beim dreiachsigen Zustand soll sie im Grenzfalle sogar die Trennfestigkeit des Werkstoffes übersteigen, wodurch die häufig vorkommenden verformungslosen Brüche erklärt werden.

Forschungsberichte des Wirtschafts- und Verkehrsministeriums Nordrhein-Westfalen

Trotzdem noch kein abschließendes Urteil über die Auswirkungen vorliegt, kann doch gesagt werden, daß es für die Sicherheit eines Bauteiles vorteilhaft ist, wenn ein Abbau der Spannungen, vor allem der Spitzenwerte stattfindet.

3. Schweiß- und Schweißrestspannungen

Beim Erwärmen dehnen sich die Metalle aus, bei dem sich daran anschließenden Abkühlen ziehen sie sich wieder zusammen. Da diese Längenänderungen beim Schweißen infolge der nur örtlichen Temperaturerhöhung durch die umliegenden kalten Werkstoffmassen je nach vorliegenden Umständen teilweise oder fast ganz behindert werden, entstehen auf diese Weise durch den Schweißvorgang im Werkstück die Schweiß- und Schweißrestspannungen. Sind die Verhältnisse bei gleichmäßiger Erwärmung noch gut zu überblicken, so liegen sie beim Schweißen verwickelter. Es handelt sich hier nämlich um einen Erwärmungsvorgang, bei dem nicht der ganze Querschnitt auf einmal erhitzt wird, sondern die Erwärmung des Werkstoffes erfolgt örtlich und zeitlich in gewissen Abständen aufeinander. So wird jeweils ein bestimmtes erhitztes Werksoffvolumen in seiner Ausdehnung durch die kalte Umgebung und durch die Schrumpfung des zuletzt erwärmten Abschnittes mehr oder weniger stark behindert.

Zu den durch die erwähnten Dehn- und Schrumpfvorgänge hervorgerufenen Schweißrestspannungen treten bei Stahl infolge der bei höheren Temperaturen einsetzenden Gefügeumwandlungen noch die sogenannten Gefügespannungen.

Die Schweißspannungen werden in drei Hauptrichtungen als Zug- und Druckspannungen ausgebildet. Größe und Verlauf der Spannungen hängen hierbei von verschiedenen Einflüssen ab, wie Art und Größe der Wärmezufuhr, Art des Werkstoffes, Form des Werkstückes und seine Einspannverhältnisse. In der Naht treten in Längsrichtung, wie in Abbildung 1 ersichtlich ist, Zugspannungen auf.

Sie haben in der Naht ihr Maximum und nehmen mit zunehmender Entfernung von der Naht ab und gehen in Druckspannung über. Die Verteilung der mit der Längsspannung im Gleichgewicht stehenden Querspannung ist vor allem von der Schweißgeschwindigkeit abhängig, daß heißt von der Erwärmung pro Flächeneinheit und Zeit, und davon, ob in einem Zuge oder unterbrochen

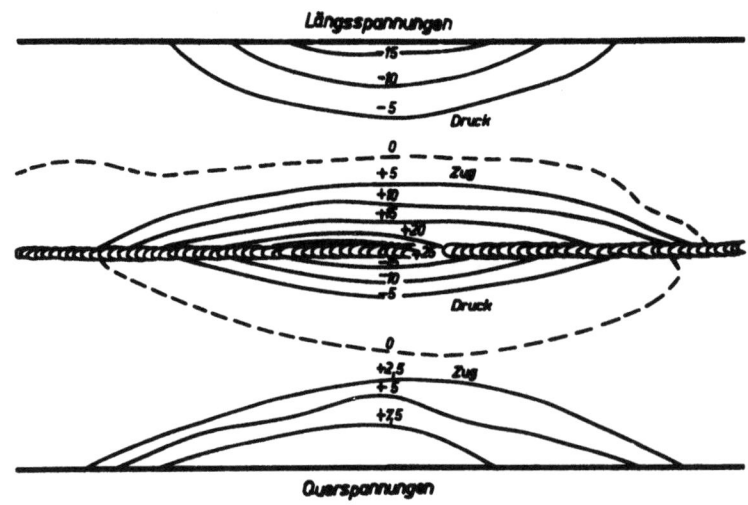

Abbildung 1
Spannungsverlauf von elektrisch geschweißten Nähten

geschweißt wird. Die Querspannungen beginnen in der Naht mit Druck- und wechseln in Zugspannungen über. Dieser allgemeine Spannungsverlauf wird jedoch in den meisten Fällen durch mannigfache Einflüsse gestört. Als Einfluß endlicher Blechabmessungen erstrecken sich die Spannungsmaxima in der Naht nur über einen gewissen Längenanteil. Auch weichen die Spannungen auf der Blechober- und Blechunterseite, wenn auch nur minimal, so doch voneinander ab.

Breite Erhitzungszonen, wie sie bei der Gasschmelzschweißung auftreten, ergeben niedrige Längsspannungen, da ein größerer Werkstoffbereich am Vorgang der Dehnung und Dehnungsbehinderung beteiligt ist. Die Spannungsspitzen treten in diesem Falle nicht immer in der Naht, sondern knapp daneben in der Übergangszone zum Grundwerkstoff auf. Infolge des breiten Zugspannungsbereiches sind die angrenzenden Druckspannungen in Nahtrichtung verhältnismäßig hoch, da viel Werkstoff bei der Dehnung nach außen gestaucht wird.

Bei der Lichtbogenschweißung wird eine schmale Zone plötzlich erhitzt, und ein schroffer Temperaturabfall nach den beidseitigen kalten Zonen tritt auf. Da die Wärmezufuhr örtlich scharf begrenzt ist, wird in Querrichtung zur Naht nur eine viel kleinere Schrumpfung und Dehnung gemessen, deshalb treten auch geringere Querspannungen auf. In Nahtlängsrichtung finden sich hingegen auffallend hohe Zugspannungsspitzen.

Zu den Vorteilen der automatischen Lichtbogenschweißverfahren zählt man die größere Abschmelzleistung, d.h. die in der Zeiteinheit größere Menge des abgeschmolzenen Zusatzwerkstoffes. Durch dieses charakteristische Merkmal bedingt, ist die in den Werkstoff hereingebrachte Energie- und Wärmemenge größer als bei den von Hand ausgeführten Verfahren. Jedoch infolge der bedeutend größeren Schweißgeschwindigkeit beschränkt sich der beeinflußte Bereich auf eine schmale Zone links und rechts der Naht. Es sind also, wie spätere Untersuchungen auch bestätigt haben, hohe Längsspannungen in der Naht zu erwarten, die jedoch in kurzer Entfernung von ihr rasch abklingen. Sie sind verbunden mit kleineren Querspannungen.

Allgemein läßt sich sagen, daß bei den einzelnen Schweißverfahren die Ausbildung der Spannungen einander ähnelt. Jedoch sind sie in ihrer absoluten Größe und ihrer Verteilung von dem entsprechenden Verfahren abhängig.

4. Messung von Spannungen

Unter dem Begriff Spannung versteht man das Verhältnis von wirkender Kraft zur Bezugsfläche:

$$\sigma = P/F$$

Es besteht jedoch keine Möglichkeit, die Spannung direkt zu messen. Sie zählt zu der Gruppe der physikalischen Größen, die durch einen von ihnen hervorgerufenen, meßbaren Effekt bestimmt werden, der wiederum mit der zu ermittelnden Einheit durch ein physikalisches Gesetz verbunden ist. Bei der Spannung wird die Formänderung zu ihrer Messung herangezogen, da zwischen diesen Größen eine bestimmbare Abhängigkeit besteht, das Hookesche Gesetz.

Spannungsmessungen sind nur möglich, wenn die Streckgrenze nicht überschritten wird, da sonst das konstante Verhältnis zwischen Dehnung und Spannung nicht mehr besteht. Im Elastizitätsbereich, in dem jede Längenänderung durch Wegnahme der die Spannung verursachenden Kräfte auf das Ausgangsmaß zurückgeht, besteht folgende Beziehung:

$$\sigma = \epsilon \times E$$

In dieser Gleichung bedeuten:

$\varepsilon = \Delta l/l$: Dehnung, das Verhältnis von Längenänderung zur Ausgangslänge
E   : Elastizitätsmodul, (Materialkonstante).

Bei Schrumpfvorgängen erfolgt eine räumliche Spannungsausbildung. Wegen der meist relativ geringen Blechdicken und damit kleinen Schrumpfgrößen in Richtung senkrecht zur Oberfläche vernachlässigt man diese Spannungsrichtung und Größe. Hinzu treten die kaum lösbaren meßtechnischen und rechnerischen Anforderungen. Man erfaßt also nicht den räumlichen Formänderungszustand, sondern nur den leichter bestimmbaren zweiachsigen.

In der Berechnung der nun tatsächlich wirkenden Spannungen muß die sich jeweils überlagernde Querkontraktion mit berücksichtigt werden. Aus der Festigkeitslehre sind hierzu folgende Formen bekannt:

$$\sigma_L = \frac{E}{1 - \nu^2} (\varepsilon_L + \nu \cdot \varepsilon_Q)$$

$$\sigma_Q = \frac{E}{1 - \nu^2} (\varepsilon_Q + \nu \cdot \varepsilon_L)$$

σ_L : Spannung längs zur Naht
σ_Q : Spannung quer zur Naht
ε_L : Dehnung   längs zur Naht
ε_Q : Dehnung quer zur Naht
E : Elastizitätsmodul
ν : Poisson'sche Zahl

Für die oben angeführten Gleichungen sind Nomogramme entwickelt worden, die die Ausrechnung erleichtern.

Bei einem komplizierten Prüfstück steht nicht von vornherein fest, in welcher Richtung die Hauptspannungen verlaufen. Ein auf der Oberfläche des Werkstückes markierter Kreis verformt sich bei der Belastung in eine Ellipse. Ist deren genaue Lage aus geometrischen Gründen nicht bekannt, so ist es vom Zufall abhängig, ob die Meßrichtung in einer Hauptachse liegt. Da die Ellipse durch drei Komponenten bestimmt wird, Größe der beiden Hauptachsen und Lage einer Hauptachse, sind mindestens drei Messungen in verschiedenen Richtungen erforderlich, um die tatsächlichen Spannungsverhältnisse in einem Punkte angeben zu können.

Die Ermittlung der Verformungsellipse ist nur erforderlich, wenn es sich, wie oben schon erwähnt, um ein kompliziertes Prüfstück handelt. Bei der Bestimmung von Spannungen in geschweißten Versuchsblechen kann mit hinreichender Genauigkeit angenommen werden, daß eine der Hauptachsen parallel zur Schweißnaht verläuft. Dieser Umstand ergibt sich durch die Schrumpfungsmöglichkeit in allen Richtungen.

Als ein Nachteil der Spannungsmessung gilt, daß die in der Praxis eingeführten und gebräuchlichen Dehnungsmesser jeweils eine endliche Meßlänge abgreifen. Aus diesem Grunde muß ein mehr oder weniger grobes Meßnetz den Betrachtungen als Unterlage dienen. Lokale Spannungsspitzen, wie sie vor allen Dingen in den Schweißnähten auftreten, können nicht genau erfaßt werden. Es muß nämlich vorausgesetzt werden, daß die zu messende Dehnung innerhalb der Meßlänge konstant ist. Um diese Ungenauigkeit möglichst klein zu halten, streben alle neueren Verfahren eine kleine Meßlänge an.

Ergänzend muß noch erwähnt werden, daß es für die Praxis bei der Bestimmung der Spannung im Werkstück auf allzu große Genauigkeit nicht ankommt. Es werden deshalb auch Verfahren, die mit einer Meßempfindlichkeit von weniger als 1 kg/mm^2 arbeiten, in den nachfolgenden Betrachtungen nicht herangezogen. Meistens ist mit dieser nicht benötigten, allzu hohen Genauigkeit ein großer Aufwand verbunden, so daß die Wirtschaftlichkeit des ganzen Meßverfahrens infrage gestellt ist.

In den folgenden Abschnitten sollen einige der gebräuchlichsten Methoden und Geräte zur Spannungsmessung beschrieben werden.

a) Zerstörungsfreie Meßverfahren

Röntgenographische Spannungsmessung,
(Rückstrahlaufnahmen)

Bei dieser Meßmethode werden die Spannungen eines Werkstückes indirekt bestimmt auf Grund einer Dehnungsmessung, wobei die Spannung (σ) mit der Dehnung (ε) durch das Hookesche Gesetz: $\sigma = E \cdot \varepsilon$ verknüpft ist. Das Verfahren beruht darauf, daß monoenergetische Röntgenstrahlen an Netzebenen nur unter ganz bestimmten Winkeln reflektiert werden nach der Bragg'schen Reflektionsbedingung:

$$n \cdot \lambda = 2d \sin \vartheta \tag{1}$$

Zeichenerklärung: λ = Wellenlänge der Röntgenstrahlen
 d = Netzebenenabstand
 ϑ = Winkel zwischen einfallendem Strahl und Netzebene
 n = 1, 2, 3, ...

Werden auf einen Film, der kreisförmig um die Reflektionsstelle angeordnet ist, die Linien der reflektierten Röntgenstrahlen aufgenommen, so gilt die weitere Beziehung:

(s.Skizze) $\qquad r = R \text{ arc } 2\vartheta$ (2)

Zeichenerklärung: r = Bogen zwischen Primär- und reflektierten Strahl
R = Abstand: Film-Werkstück

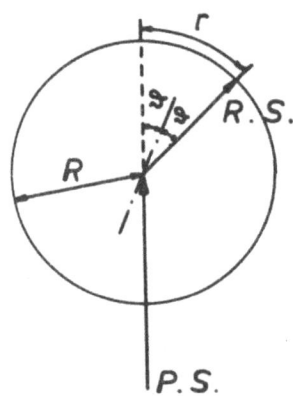

A b b i l d u n g   2
Schematische Versuchsanordnung

Die Linienverschiebung, d.h. die Änderung des Bogens (Δr) in Funktion des Netzebenenabstandes kann nun leicht aus den Gleichungen (1) und (2) abgeleitet werden, es ergibt sich:

$$\Delta r = \frac{\Delta d}{d} 2R \, tg \, \vartheta$$

Die Auflösung der Linien wird also um so besser, je größer der Kreisradius und der Reflektionswinkel ist. Unserem Anwendungsgebiet entsprechend, arbeitet man daher mit sogenannten Rückstrahlaufnahmen, wo 2ϑ beinahe 180° beträgt und wählt eine möglichst langwellige Röntgenstrahlung (Gleichung (1): $\lambda_{groß} \longrightarrow \vartheta_{groß}$).

Wird Eisen (Gitterabstand d = 2,8610 Å) beispielsweise mit Kobaltstrahlen (λ = 1,785 Å) bestrahlt, so ergibt sich bei einem Kreisradius R = 60,45 mm eine Auflösung von d/Δr = 0,0035 Å/mm.

Aus dem Vorangegangenen können wir für das röntgenographische Spannungsmessen zusammenfassend nun folgendes festhalten:

1) Durch die Linienverschiebung wird die Dehnung in Richtung der Normalen von der reflektierten Netzebene gemessen. Wie später gezeigt wird, kann eine Spannung (σ_x) auf diese Art aus zwei Dehnungen ermittelt werden.

Um scharfe Linien zu erhalten, hat sich gezeigt, daß die Kristalle kleiner als 1/100 mm sein müssen. Die Eindringtiefe in Eisen beträgt ferner bei Kobaltstrahlung etwa 1/100 mm, d.h. die Messungen erfassen immer nur den Spannungszustand an der Oberfläche.

Ist der Spannungszustand örtlich so stark verspannt, daß über einige Gitterabstände die Abstände nicht mehr konstant sind, bzw. sind die Gitterverzerrungen nicht mehr klein gegen die Wellenlänge, so äußert sich dies in einer Linienverbreiterung, was die Spannungsmessung empfindlich stört, wenn nicht gar unmöglich macht.

2) Es werden nur elastische Dehnungen gemessen, plastische Verformungen werden nicht erfaßt.

3) Ein großer Vorteil des Verfahrens ist darin zu sehen, daß die Spannungsmessung ohne Zerstörung des Werkstückes erfolgt und daß die erforderliche Meßfläche wesentlich kleiner ist als bei sonst üblichen Verfahren, sie liegt in der Größenordnung von 1 mm^2.

<u>Bestimmung einer Normalspannung in einem 2-achsigen Spannungszustand,</u> (mit Hilfe einer Schrägaufnahme unter 45° Grad). Als Beispiel führen wir diesen Fall an, da er in der Praxis oft angewendet wird. Bekanntlich gelten die elastischen Grundgleichungen:

$$\varepsilon_x E = \sigma_x - \nu\sigma_y$$

$$\varepsilon_y E = \sigma_y - \nu\sigma_x$$

Zeichenerklärung: E = Elastizitätsmodul
ν = Poisson'sche Zahl

Hieraus ersieht man leicht, daß durch Elimination aus 2 Dehnungen eine Bestimmungsgleichung für σ_x gewonnen werden kann, sie ergibt sich (s. Abb. 3), zu:

$$E(\varepsilon\psi_1 - \varepsilon\psi_2) = \sigma_x(v+1)(\sin^2\psi_1 + \sin^2\psi_2)$$

mit $(\varepsilon\psi_1 - \varepsilon\psi_2) = d\psi_1/d\psi_2 - d\psi_2/d\psi_1$, im Nenner kann ohne weiteres der Gitterabstand des spannungsfreien Zustandes (d_o) statt $d\psi_1$ gesetzt werden.

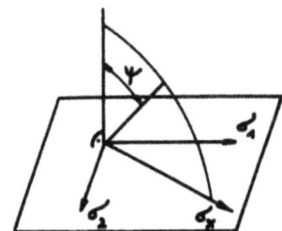

A b b i l d u n g 3
Skizze 3

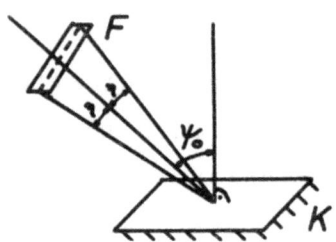

A b b i l d u n g 4
Skizze 4

Wird eine Schrägaufnahme unter $\psi_o = 45°$ gemacht und wird der Filmstreifen senkrecht zum Werkstück angeordnet, so vereinfacht sich obenstehende Gleichung. Der Abbildung 4 ist zu entnehmen:

$$\psi_1 = \psi_o + \eta \, , \quad \psi_2 = \psi_o - \eta$$

Damit ergibt sich:

$$E\left(\frac{d\psi_1 - d\psi_2}{d_o}\right) = \sigma_x(1+v)\sin 2\eta$$

Setzt man in diese Gleichung die numerischen Werte einer gewählten Anordnung ein, so ergibt sich die für die praktische Auswertung einfache Form:

$$\sigma_x = (\Delta_- - \Delta_+)C_{+-}$$

Zeichenerklärung: Δ = Linienabstand
C_{+-} = Konstante

Für Eisen und Kobaltstrahlung hat C_{+-} z.B. den Wert 62,5 kg/mm³.

Auf diesem Wege erhält man Spannungsmessungen mit einem Fehler von $\pm$ 1,5 kg/mm², das entspricht einer Meßgenauigkeit von $\pm$ 0,02 mm.

b) Verfahren mit Voll- und Teilzerstörung

Als einfachste Methode, die jedoch nur einen qualitativen Überblick über die Spannungen und deren Verlauf zu geben gestattet, muß das Dehnlinienverfahren erwähnt werden. Es wird mit Spannungslack gearbeitet. Das Verfahren zeigt nach Abbau der Spannungen Rißlinien, aus denen bei Beachtung besonderer Vorsichtsmaßnahmen sowohl die Richtung als auch die Größenordnung der Dehnung bestimmt werden kann. Ein Speziallack wird mit einer Spritzpistole als 1/100 bis 1/300 mm dünne Schicht auf das Werkstück aufgetragen. Unter Verwendung eines Vergleichstückes, das gleichzeitig und unter den gleichen Bedingungen gespritzt wird, sind dann die Dehnungen bestimmbar. Das Dehnlinienverfahren erfordert große Erfahrung und Sorgfalt bei der Anwendung. Trotzdem ist die Unsicherheit des Meßergebnisses größer als bei den bekannten Verfahren. Dagegen ist die Auswertung, wie die Abbildung 5 zeigt, einfach. Mit einem Blick kann die ganze Spannungsverteilung übersehen werden.

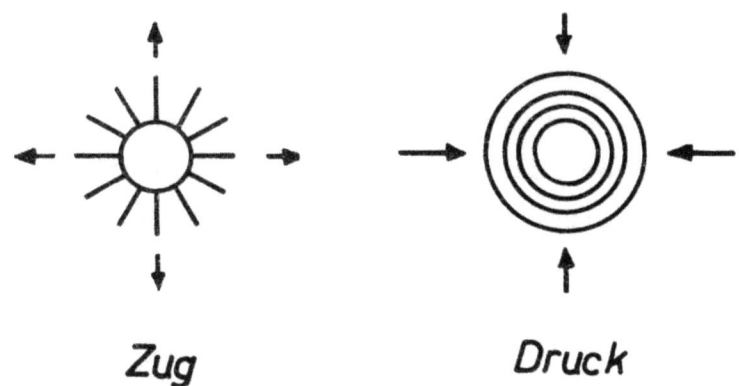

A b b i l d u n g   5
Nachweis der Spannungen durch das Dehnlinienverfahren
Spannungsabbau: Bohrlochverfahren

Mit Hilfe der Dehnungsmeßstreifen werden auf elektrischem Wege Dehnungen und damit Spannungen gemessen. Zur Meßrichtung gehören in der einfachsten Ausführung die Meßelemente und ein Meßgerät, also die Dehnungsmeßstreifen selber und eine Dehnungsmeßbrücke. Bei gleichzeitiger Benutzung mehrerer Streifen wird dann noch ein Meßstellenumschalter eventuell ein Registriergerät benötigt.

Gemessen wird vor und nach dem Entspannen. Im Gegensatz zu den mechanischen Geräten, die eine Längenänderung Δl messen, ist beim Dehnungsmeßstreifen die prozentuale Widerstandsänderung und damit der Meßwert proportional $\Delta l/l$. Damit ist die Meßlänge ohne Einfluß auf die Genauigkeit der Meßwerte. Der untere Wert für die Länge der gebräuchlichen Meßstreifen liegt bei 3 mm, so daß lokal auftretende Spannungsspitzen nicht erfaßt werden können.

Die Vorbereitungszeit bei der Messung mit den Meßstreifen ist größer als bei der Verwendung mechanischer Geräte. Jedoch ist die Handhabung der modernen Geräte mit Dehnungsmeßstreifen so vereinfacht, und die Betriebssicherheit so groß, daß von dieser Seite her ernste Schwierigkeiten nicht auftreten. Sind die Messungen gut vorbereitet, so ist der Meßvorgang selbst schneller durchgeführt als bei mechanischen Meßgeräten. In der Praxis sollte dieses Verfahren immer nur zum Vergleich und zur Kontrolle anderer Meßmethoden eingesetzt werden.

Der Vorteil der mechanischen Meßgeräte liegt in ihrem geringen Aufwand an Apparaten und in der sehr kurzen Vorbereitungszeit, die für eine Messung erforderlich ist. Zum Übertragen der verhältnismäßig kleinen Längenänderungen der Meßstrecke vor und nach dem Spannungsabbau in den ablesbaren Ausschlag des Gerätes ist eine Übersetzung erforderlich. Die vorwiegend verwendeten Übersetzungsarten sind mechanischer Art, aber auch optische, beziehungsweise mechanisch-optische sowie elektrische Übersetzungen sind gebräuchlich. Die Übersetzungsverhältnisse sind je nach der Meßlänge verschieden und schwanken zwischen 1:500 bis 1:100 000.

Von den in der Praxis bekannten und eingeführten mechanischen Meßgeräten hat sich der Setzdehnungsmesser nach SCHWAIGERER des Materialprüfungsamtes Stuttgart für den vorliegenden Aufgabenbereich bewährt. Die im Rahmen der Untersuchungen des Berichtes erforderlichen Spannungsmessungen wurden alle mit einem Gerät dieser Bauart durchgeführt, wie es die Abbildung 6 wiedergibt.

Um die Spannungen in einem Werkstück messen zu können, muß die Längenänderung einer genau festgelegten Meßstrecke im verspannten und entspannten Zustande bestimmt werden. Bei der Anwendung des Setzdehnungsmessers nach SCHWAIGERER werden in einem Abstand von 20 mm zwei kleine Stahlkugeln mit einem Durchmesser von 1/16" an der zu messenden Stelle

Forschungsberichte des Wirtschafts- und Verkehrsministeriums Nordrhein-Westfalen

Abbildung 6

Setzdehnungsmesser nach SCHWAIGERER des Materialprüfungsamtes Stuttgart

eingetrieben. Das Gerät selber besteht aus einem Taster und aus einer Meßuhr mit Ständer. Beim Taster ist einer der beiden hohlgebohrten und nach innen abgeschrägten Füße fest, der andere in Meßstreckenrichtung verschiebbar angeordnet. Durch Andrücken des Tasters auf die Kugeln verschiebt sich nach Lösung der Arretierung der lose geführte Fuß und wird anschließend durch die Verklemmung in dieser Stellung festgehalten. Der Abstand der beiden Kugeln wird dann an der Meßuhr mit einer Genauigkeit von 1/1000 mm bestimmt. Der Taster wird hierfür unter die in einem Ständer befestigte Uhr gebracht.

Um eine vergleichende Grundlage vor und nach dem Spannungsauslösen zu erhalten, werden alle Messungen auf eine Vergleichsmeßstrecke von 20 mm bezogen. Dieses Verfahren liefert also nur Vergleichswerte, die absoluten Werte sind ohne Bedeutung.

Vor und nach dem Spannungsabbau gemessen, ergibt der Unterschied der beiden relativen Längen die Längenänderung Δl. Diese ins Verhältnis gesetzt mit der absoluten Länge von 20 mm, ergibt ε. Da die Längenänderung auf die Vergleichsstrecke von 20 mm bezogen wird, entspricht für Stahl mit einem Elastizitätsmodul von $2 \cdot 10^4$ kg/mm^2:

$$\Delta l \, [\mu] \doteq \sigma \, [kg/cm^2]$$

das heißt, ein eventueller Meßfehler von 1µ ergibt einen Fehler in der Spannungsangabe von ± 1 kg/mm².

Mit dem Setzdehnungsmesser nach SCHWAIGERER des Materialprüfungsamtes Stuttgart lassen sich erst nach längerer Übung und eingehender Kenntnis der Fehlerquellen einwandfreie Meßreihen durchführen. Es ist wichtig, daß der Taster immer in derselben Art auf die Kugeln gesetzt wird, stets gleich arretiert und in derselben Weise unter die Meßuhr gebracht wird. Eine weitere Fehlerquelle kann dadurch entstehen, daß der Taster auf den eventuell hochgedrückten Werkstoffwulst aufgesetzt wird und somit den tatsächlichen Kugelabstand falsch wiedergibt. Auf Grund der Meßmethodik schwankt der Vergleichswert zwischen einer längeren Meßdauer häufig stark. Die Vergleichwertbestimmung muß öfters durchgeführt werden, da durch Erschütterungen oder starker Stöße die Nullstellung der Meßuhr verschoben werden kann. Es ist weiter darauf zu achten, daß alle gleitenden Teile sowie die Füßchen des Tasters, die Meßkugeln sowie die Vergleichsmeßstrecke stets staubfrei sind.

5. Möglichkeiten zur Spannungsauslösung

Zur Umwandlung der Spannungen in meßbare Verformungen haben sich verschiedene Methoden durchgesetzt, deren Fehlerquelle dann diejenigen des Meßmittels überlagern.

Beim sogenannten Bohrlochverfahren werden durch das Ausbohren eines Loches die Spannungen in seiner Umgebung ausgelöst. Wie bei allen Verfahren dieser Art, so ist auch hier die Genauigkeit bei seiner Anwendung sehr umstritten. Es wird vermutet, daß durch das Bohren an den Lochrändern wegen der auftretenden Kerbwirkungen plastische Verformungen hervorgerufen werden, die das Meßergebnis beeinflussen.

Üblicherweise bohrt man ein Loch von 10 mm Durchmesser, über dem sich drei Meßlinien von je 20 mm Länge kreuzen, deren Schnittpunkt mit dem Lochmittelpunkt zusammenfällt. Siehe hierzu auch Abbildung 5.

Dem Zweifel, ob beim Bohrlochverfahren die erzielte Genauigkeit groß genug ist, steht der für die Praxis wichtige Vorteil gegenüber, daß das untersuchte Werkstück in den meisten Fällen nach dem Zuschweißen der Löcher ohne Minderung der Werkstoffgüte weiter verwendbar ist. Außerdem können nicht nur Spannungen an der Oberfläche gemessen werden, sondern auch bei verschiedenen Bohrlochtiefen Spannungen in jeder beliebigen Blechtiefe.

Bei einem weiteren Verfahren wird mit einem Kronenbohrer ein Pfropfen ausgebohrt, der die Meßstrecke trägt. Man geht von der Voraussetzung aus, daß nach dem Lösen der Pfropfen spannungsfrei ist.

Der Methode des "Vollständigen Freilegens der Meßstrecke" liegt das gleiche Prinzip zugrunde, wie es bei dem Ausbohrverfahren angewandt wird. Jedoch besteht der Vorteil, daß keine Spezialwerkzeuge erforderlich sind. Man trennt quadratische Meßklötzchen mit einer Kantenlänge von 20 bis 40 mm heraus.

A b b i l d u n g   7
Vollständiges Freilegen der Meßstrecke

Da meist ganze Blechstreifen, die die Meßstrecken tragen, ausgesägt werden können, erhält man einen guten Überblick über das ganze Spannungsfeld. Jedoch muß man sich immer vor Augen halten, daß nur Mittelwerte gemessen werden können, so daß also lokale Spannungsspitzen nicht erfaßt werden. Dieses Verfahren der Spannungsauslösung ist weit verbreitet, obwohl eine vollkommene Zerstörung des Werkstoffes eintritt.

Um das Werkstück nicht vollständig zerstören zu müssen, hat man Untersuchungen darüber angestellt, ob nicht das Ausarbeiten einer Fuge bestimmter Tiefe genügt, um die an der Oberfläche befindlichen maximalen

Spannungen auszulösen. Man kam zu dem Ergebnis, daß eine Fugentiefe von einem Drittel der Blechstärke zur Freilegung der Oberflächenspannungen genügt. Die Fugen werden nach durchgeführter Messung wieder zugeschweißt, so daß auf diese Weise eine Zerstörung des Werkstückes vermieden wird. Für die Anwendung in der Praxis kann dieses Verfahren als ausreichend angesehen werden.

6. Verfahren zum Spannungsabbau

Eine Möglichkeit des Spannungsabbaues ist durch das Normalisieren gegeben. Bei diese Behandlung werden alle Stähle 50 - 80° C über den Punkt A_{C3} erwärmt. Diese Temperatur wird längere Zeit gehalten, damit die feste Lösung weitgehend homogen wird. Anschließend wird der Stahl in ruhiger Luft oder im Ofen abgekühlt. Bei der so durchgeführten Wärmebehandlung tritt eine vollkommene Neubildung des Kornes ein. Diese ist unabhängig davon, ob der Werkstoff vorher plastisch verformt wurde oder ob die Spannungen einen anderen Ursprung haben. Falls vorher kritische Verformungen vorlagen, so ist das Normalglühen die einzige Möglichkeit einer Kornneubildung, bei der keine Versprödung auftritt. Da aber dieses Verfahren mit einer erheblichen Erweichung des Werkstoffes verbunden ist, muß man für fertiggeschweißte Konstruktionen besondere Maßnahmen treffen, damit die Form erhalten bleibt.

Schon bei einer Temperatur von 300° C erfolgt eine Entfestigung des Materials dadurch, daß einzelnen Atomen im Gefüge die Möglichkeit gegeben wird, günstigere Stellungen einzunehmen. Zu dem gebräuchlichsten Verfahren des Spannungsabbaues, dem Spannungsfreiglühen, verwendet man Temperaturen, die zwischen 600° C und 650° C liegen. Außerdem müssen bestimmte Glühzeiten eingehalten werden.

Die Anwendung der beiden bisher beschriebenen Verfahren hängt von der Größe des zur Verfügung stehenden Ofenraumes ab. Während die Ofenglühung den Vorteil der gleichmäßigen Durchwärmung sowie einer guten Temperaturkontrolle bietet, steht dem der erhebliche Kostenaufwand gegenüber. Denn zur Aufheizung des Ofens muß stets die gleiche Energie ohne Rücksicht auf die Größe der zu entspannenden Werkstücke aufgebracht werden.

Beim sogenannten mechanischen Entspannen werden die Schweißeigenspannungen in der Naht durch äußere Belastung derart erhöht, daß ein Fließen des Zusatzwerkstoffes eintritt. Nach Entlastung übt der umgebende Werkstoff, der nur elastisch verformt war, eine Druckkraft auf die Naht aus. Hierdurch werden die Eigenspannungen um einen der plastischen Verformung entsprechenden Betrag abgebaut.

Dieses als Druckentspannen bezeichnete Verfahren läßt sich nur für solche Körper durchführen, deren geometrische Form keine großen Abweichungen im Verformungsverhalten aufweisen, so daß die zusätzliche Spannung in allen Nähten gleich groß ist. Der Nachteil dieser Methode liegt darin, daß man zur Erzielung eines befriedigenden Erfolges sehr hohe Drücke aufwenden muß, wodurch sehr leicht die Fließgrenze des Mutterwerkstoffes überschritten werden kann.

7. Autogenes Entspannen bei niedrigen Temperaturen

In letzter Zeit hat sich eine weitere Möglichkeit zum Abbau der Spannungen weitgehend durchgesetzt, nämlich das "Autogene Entspannen bei niedrigen Temperaturen". Bei der autogenen Entspannung werden die Eigenspannungen dadurch abgebaut, daß man den Schweißspannungen Wärmespannungen überlagert. Hierdurch wird an Stellen hoher Schweißspannung die Fließgrenze überschritten. Jene werden in plastische Verformungen umgesetzt und dabei abgebaut.

Bei der Durchführung des Verfahrens wird zu beiden Seiten der Naht mit zwei Flammstrahlbrennern je eine kontinuierlich bewegte Wärmezone geschaffen. In einem bestimmten Abstand führt man eine Wasserbrause, die das ganze Gebiet wieder abkühlt, so daß nur von einem Wärmestau gesprochen werden kann. Das Prinzip des Verfahrens ist in Abbildung 8 dargestellt.

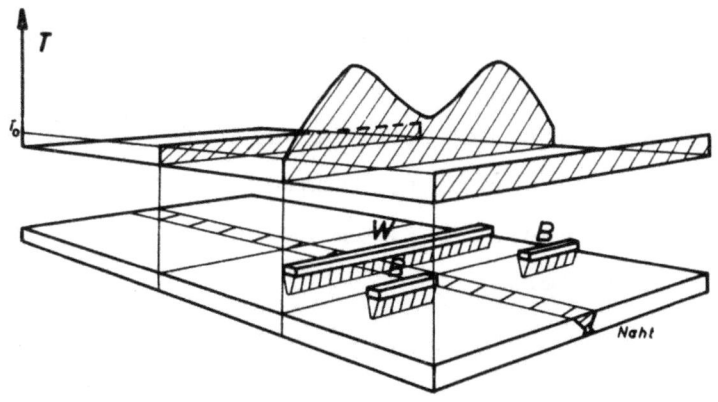

A b b i l d u n g   8
Schematische Darstellung des "Autogenen Entspannens"

Die Erwärmungszonen beiderseits der Naht üben Ausdehnungskräfte in Längsrichtung aus, die die bereits vorhandenen Längsspannungen vergrößern. Durch die Reckwirkung wird eine plastische Verformung der Naht erreicht. Nach der Erwärmung folgt die Wasserkühlung und damit ein Auslöschen der Wärmezonen. Infolge des Schrumpfens wird die Naht entlastet, so daß sie sich plastisch verformen kann. Der Spannungszustand wird auf diesem Wege ausgeglichen. Da in der Schweißnaht nicht nur Längsspannungen, sondern auch Querspannungen auftreten, werden diese ebenfalls abgebaut. Die Wärmezonen üben dadurch, daß sie sich auch quer zur Naht ausdehnen, auf jene eine Druckkraft aus. Bei der anschließenden Wasserkühlung verschwinden die elastischen Wärmespannungen. Die vorher in der Naht herrschenden Querspannungen werden durch die entgegengesetzt wirkenden Schrumpfspannungen aufgehoben.

Bei autogenen Entspannen haben wir sowohl elastische, plastische als auch Wärmedehnungen vorliegen. Bei Erwärmung der Randzonen beiderseits der Naht ist in dem Grundwerkstoff nur eine Wärmedehnung möglich, die nach dem Abkühlen wieder verschwindet. In der Schweißnaht erfolgt eine Dehnung in das plastische Gebiet. Der Vorteil des autogenen Entspannens liegt nun darin, daß nur die Naht verformt wird, während der Mutterwerkstoff, der nur erwärmt worden war, nach der Abkühlung wieder seinen ursprünglichen Spannungszustand aufweist. Die Schweißnaht wird also nach vorhergegangener Reckung durch Wärmedehnung plastisch verformt und durch elastische Rückfederung entspannt.

Zur praktischen Durchführung des Entspannens stehen zwei Gerätetypen zur Verfügung. Bei der einen werden Brenner und Brause direkt am Vorschubmotor, meistens eines für diese Belange umgebauten Schneidmotors, angebracht, der dann für die Vorschubbewegung sorgt. Bei der zweiten Bauart sind diese Teile an einem gesonderten Anhänger montiert, der von einer Seilwinde an der Naht entlang gezogen wird. Die letzgenannte Ausführung hat den Vorzug, daß der Antriebsmotor nicht so stark der Strahlungswärme der Flamme ausgesetzt ist. In seiner Anwendungsmöglichkeit ist dieses Gerät universeller.

Durch Variieren der einzelnen Einstellgrößen wie:

b = Brennerbreite

e = Brennermittenabstand

i = Wärmeangebot in der Zeiteinheit

h = Brennerabstand von der Werkstückoberfläche
w = Wasserbrausenabstand
v = Vorschubgeschwindigkeit des Gerätes

können für die verschiedenen Blechdicken zur Entspannung erforderlichen Temperaturverhältnisse erreicht werden.

Bei Blechstärken zwischen 6 und 25 mm wird mit Flammstrahlbrennern gearbeitet. Darüber hinaus bis zu den Blechstärken von 40 mm, müssen Härtebrenner gewählt werden, die dann die erhöhte Wärmeenergie auf den Werkstoff übertragen. Damit ist eine Entspannungswirkung auch auf der Unterseite des Bleches gewährleistet.

Das Wärmeangebot in der Zeiteinheit richtet sich nach der Wahl des Druckes für Azetylen und Sauerstoff und nach der Regulierung des Gasgemisches an den Griffrohren. Folgende Werte werden vorgeschrieben:

Sauerstoffdruck: Flammstrahlbrenner 2,5 atü
Härtebrenner 3,5 atü

Azetylendruck : Flammstrahlbrenner 0,25 atü
Härtebrenner 0,5 atü

Die Flamme selbst ist neutral einzustellen. Die Austrittsgeschwindigkeit des Brenngases darf nicht so groß sein, daß sich der Flammkegel von den Düsen abhebt. Der Brennerabstand von der Werkstückoberfläche muß so gewählt werden, daß die Flammenenergie weitgehend ausgenutzt wird. Der Abstand der Wasserbrause von der Flamme bestimmt bei gleichbleibender Vorschubgeschwindigkeit die Zeit, die für das Eindringen der Wärme in den Werkstoff und für die Wärmeleitung zur Schweißnaht zur Verfügung steht. Als letzte und bedeutendste Einstellgröße, die Einfluß auf die in der Naht erzielten Temperaturverhältnisse nehmen kann, muß die Vorschubgeschwindigkeit angesehen werden. Je nach der Wahl dieser Größe erreichen die absoluten Temperaturen und vor allen Dingen die Temperaturdifferenzen andere Werte.

Voraussetzung zur Erzielung eines vollständigen Entspannungsergebnisses ist also, daß eine bestimmte Temperaturdifferenz zwischen Grundwerkstoff und Schweißnaht erreicht wird. Sie muß so groß sein, daß die Streckgrenze des Werkstoffes in der Naht durch Wärmedehnung erreicht wird. Hierbei muß noch berücksichtigt werden, daß die höchste Temperatur direkt unter dem Brenner und daß zu beiden Seiten ein bestimmter Temperaturabfall eintritt.

Zwischen mechanischer und Wärmedehnung bestehen folgende Beziehungen:

Wärmedehnung $\quad\dfrac{\Delta l}{l} = \beta \cdot \Delta t$

Mechanische Dehnung $\quad\dfrac{\Delta l}{l} = \varepsilon = \dfrac{\sigma_s}{E}$

Man kann nun beide Größen gleichsetzen, und so ergibt sich:

$$\Delta t = \dfrac{\sigma_s}{E}$$

Diese Gleichung bezeichnet man als Entspannungsbedingung. Aus ihr läßt sich entnehmen, daß die erforderliche Temperaturdifferenz nur von dem Werkstoff abhängt. Bei einem Kesselblech H II, an dem auch im Rahmen dieser Arbeit die Untersuchungen durchgeführt wurden, ergibt sich dementsprechend:

Streckgrenze $\quad\sigma_s = 26 \text{ kg/mm}^2$
Wärmeausdehnungskoeffizient $\quad\beta = 12 \cdot 10^{-6} \text{ m/mm}^\circ\text{C}$
Elastizitätsmodul $\quad E = 2{,}1 \cdot 10^4 \text{ kg/mm}^2$

Nach Einsetzen der Zahlen erhält man jetzt folgenden Größe:

$$\Delta t = 103^\circ \text{ C}$$

das heißt also, die Temperaturdifferenz zwischen Wärmezone und Schweißnaht soll $\Delta t = 103^\circ$ C betragen. Hierbei ist anzustreben, daß die Temperatur unter dem Brenner, also in den Wärmezonen selbst, 200° C bis 250° C nicht überschreitet. Man bleibt also in einem Temperaturbereich, in dem noch keine Gefügeumwandlungen stattfinden können. Es besteht somit auch noch keine Gefahr, daß es zu Härteerscheinungen kommen könnte.

8. Aufbau des Entspannungsgerätes

Beim Aufbau der Versuchseinrichtung für die im Rahmen dieses Berichtes durchzuführenden Messungen war von vornherein zu berücksichtigen, daß alle Einstellgrößen, wie z.B. Brennermittenabstand, Brennerhöhe, Abstand der Wasserbrause verändert werden können. Zur Verfügung stand eine Härtewanne mit in der Höhe verstellbarem Zwischenboden. Weiter war ein Schneidmotor mit einem Portalarm vorhanden, der eine Höhen- und Seitenverstellung ermöglichte. Die Vorschubeinheit lief auf einer am Rand der

Abbildung 9
Aufbau des Entspannungsgerätes

Wanne vorgesehenen Fahrbahn. Es wurde nun ein Rahmen gebogen, an dem die Wasserbrause und die Flammstrahlbrenner befestigt werden konnten. Die Wasserbrause hatte eine Breite von 470 mm und besaß 50 Bohrungen mit je 2 mm Durchmesser. Die Brenner wurden mit Klammern an den Rahmen geschraubt, so daß auf diese Weise auch eine Höhenverstellung der Brenner gegenüber der Brause und eine Änderung ihres gegenseitigen Abstandes vorgenommen werden konnte. Abbildung 9 gibt eine Aufnahme der Versuchsanlage wieder.

Als Brenngas wird ein Azetylen-Sauerstoffgemisch benutzt. Wegen der durch die Blechdicke benötigten großen Flammstrahlbrenner von 100 mm Breite und deren großen Verbrauches an Gas von 1,5 m^3/h ist es erforderlich, jeweils zwei Azetylenflaschen parallel zu schalten. Der Sauerstoffverbrauch, der in der gleichen Größenordnung liegt, übersteigt nicht die Grenze der Entnahmemöglichkeit einer Flasche. Insgesamt wurden also für die Durchführung der Versuche vier Azetylenflaschen und zwei Sauerstoffflaschen benötigt.

Die Spannungsuntersuchungen sollten vorwiegend an Schweißnähten vorgenommen werden, die nach einem automatischen Verfahren hergestellt waren. Als solches wurde das Sigma-Verfahren gewählt.

Es handelt sich hierbei um ein Schutzgasverfahren mit kontinuierlich abschmelzender Elektrode als Zusatzwerkstoff. Durch die Stromzufuhr kurz vor der Schweißnaht ist eine hohe Strombelastbarkeit des Schweißdrahtes möglich, was wiederum eine große Abschmelzleistung zur Folge hat. Dadurch ist begründet, daß bei diesem Verfahren die Wärme sehr konzentriert in die Schweißnaht gebracht wird. Es wird nur ein schmaler Streifen neben der Naht erhitzt. Der Bereich, in den die Wärme eindringt, ist gering. Für die Durchführung der Schweißungen stand eine Anlage der Firma Adolf Messer G.m.b.H., Frankfurt am Main, vom Typ "Argomat 400" zur Verfügung. Es handelt sich hierbei um eine stationäre Einheit für die Handschweißung. Bei der reinen Handschweißung ist trotz Einstellung der gleichen Versuchsbedingungen nicht die Gewähr gegeben, daß bei allen Proben die gleiche Wärmemenge in der Zeiteinheit eingebracht wird. Hierdurch ist bedingt, daß auch der Spannungsaufbau unterschiedlich würde. Um diesen Fehler auszuschalten, wurde die Schweißpistole an einen Schneidmotor geschraubt, so daß jetzt auch die Vorschubgeschwindigkeit und der Düsenabstand konstant blieben.

Der Zusatzdraht ergab bei der chemischen Analyse folgende Werte:

C %	Mn %	P %	S %	Si %	Cu %	N_2 %	Cr %
0,10	1,08	0,012	0,018	0,20	0,40	0,001	0,27

Als Schweißstromquelle diente ein Generator der Firma Garbe, Lahmeyer & Co, AG., Aachen, vom Typ "D. Motor AV1535b Sp.". Als Polung wählte man die Pluspolung der Elektrode.

9. Temperaturmessung

Beim autogenen Entspannen erlaubt die Kenntnis des zeitlichen und räumlichen Verlaufes des Temperaturfeldes, welches sich im Werkstück beim Überfahren mit den Brennern und der Wasserbrause aufbaut, wie früher im einzelnen angeführt, direkte Rückschlüsse auf die Arbeitsweise und Güte der Versuchsanordnung.

An eine derartige Temperaturmessung sind danach folgende Anforderungen zu stellen:

    a) Meßbereich: $0° - 250°$ C

    b) Meßzeit: klein, (keine Anzeigeverzögerung)

    c) Meßvolumen: klein

    d) Der Meßkopf muß ferner derart dimensioniert sein, daß eine Anbringung im Werkstück, falls diese erforderlich ist, keine Temperaturänderung in demselben zur Folge hat.

Forschungsberichte des Wirtschafts- und Verkehrsministeriums Nordrhein-Westfalen

Eine Gegenüberstellung der technischen Temperaturmeßverfahren zeigt nun:

1) Die Gruppe der Strahlungspyrometer ist weniger geeignet, da die Bedingungen a und c nicht bzw. schlecht erfüllt sind. (Das Verfahren hätte den großen Vorteil, daß das Messen trägheitslos erfolgt und daß ferner mit dem Meßvorgang keine Temperaturänderung im Werkstück verknüpft ist. Handelsübliche Pyrometer sprechen jedoch erst bei Temperaturen über 700° C an).

2) Temperaturmeßfarben: Hierbei ist die Forderung b überhaupt nicht erfüllt, da jeweils nur eine Messung möglich ist. Mit diesem Verfahren könnte gegebenenfalls die auftretende Maximaltemperatur bestimmt werden.

3) Teilgruppe der Berührungsthermometer: In diese Teilgruppe gehören u.a. Flüssigkeits-Glasthermometer, Federthermometer, Metallausdehnungsthermometer, Widerstandsthermometer. Die angeführten Thermometer haben gemeinsam, daß sie je nach mechanischer Ausführung eine mehr oder weniger große Meßzeit benötigen. Durch diese Anzeigeverzögerung werden in erster Linie diese Geräte für unseren Verwendungszweck ungeeignet. Die Forderungen c und d sind hierbei ebenfalls nur schwer zu erfüllen.

4) Thermoelemente: Sie gehören auch zu der Gruppe Berührungsthermometer, unterscheiden sich jedoch wesentlich von den unter Punkt 3 angeführten Geräten durch ihre erheblich kleineren Meßkopf-Dimensionen. Sie entsprechen damit am besten unseren Forderungen b, c und d.

Das Meßprinzip von Thermoelementen nützt den Seebeck-Effekt aus; dieser besagt, daß in einem geschlossenen 2-Leiterkreis eine EMK auftritt, wenn die Lötstellen verschiedene Temperaturen besitzen.

Das Aufstellen des örtlichen und zeitlichen Temperaturverlaufes erfolgte aus den im vorigen Abschnitt dargelegten Grund mit Hilfe von Thermoelementen. In eine nach dem Sigmaverfahren geschweißte Platte wurden von der Unterseite her 18 Thermoelemente der Kombination Ni-CrNi nach der in Abbildung 10 dargestellten Skizze eingebracht.

Die Thermoelemente waren durch Verschweißen der Drähte mittels Stromstoß hergestellt. Auf der gleichen Weise erfolgte auch ihre Befestigung auf dem Bohrgrund. Da oxydierte Drähte gewählt wurden, konnten beide Drähte in einem Glasröhrchen nach außen geführt werden. Die Zuleitungen zu den

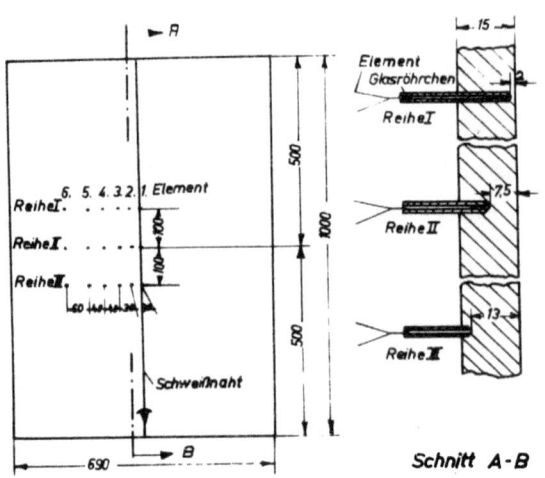

Abbildung 10
Anordnung der Thermoelemente

Thermoelementen wurden auf einer Kunststoffplatte verlegt, die in einem bestimmten Abstand fest unter der Probeplatte montiert war. Die Schaltung wurde hierdurch übersichtlicher.

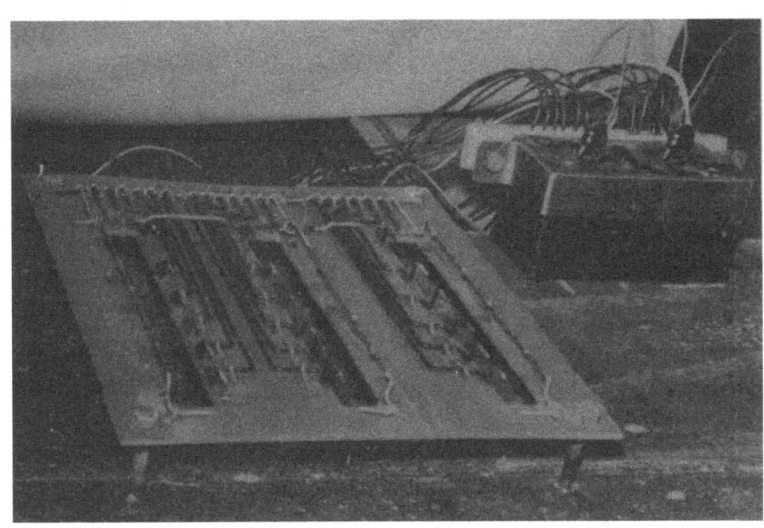

Abbildung 11
Unterseite der Probeplatte

Von der Kunststoffplatte waren die Drähte zu einem Mehrfachschalter geführt, der es gestattete, aus jeder der drei Reihen Elemente jeweils ein Element mit dem Schreibgerät zu verbinden. Als solches diente das Registriergerät "Oszilloscript, System Schwarzer, Typ PT 1000" der Firma Philips. Die in den Thermoelementen erzeugten Spannungen waren jedoch zu schwach, um direkt eine Anzeige des Registriergerätes zu bewirken; es mußte also ein Verstärker dazwischen geschaltet werden. Bedingt durch seinen elektrischen Aufbau, kamen jetzt Wechselspannungen am Schreiber zur Anzeige. Die Größe der Amplitude ist somit ein Maß für die Temperatur. Um die einzelnen Kanäle zu eichen, wurde ein Thermoelement in kochendes Wasser gehalten und seine Spannung nacheinander auf den benötigten Kanälen registriert. Die Größe des Schriebes wurde mit Hilfe des eingebauten Verstärkers so geregelt, daß 100° C einer Amplitude von 10 mm entsprachen.

Während der Entspannungsversuche liegt die Platte auf der Hebebühne der Härtewanne so im Wasserbad, daß der Wasserspiegel etwa 15 bis 20 mm unter der Plattenunterseite liegt, das heißt die Kaltlötstellen liegen alle im Wasser.

Durch die Mehrfachschalter bedingt, konnte also jeweils aus einer Reihe ein Thermoelement zur Anzeige gebracht werden. Man war also zur selben Zeit in der Lage, im gleichen Abstand von der Naht die Temperaturverhältnisse in unterschiedlichen Tiefen von der Werkstückoberfläche zu erfassen. Um bei festgelegten Einstellbedingungen des Entspannens das gesamte Temperaturfeld aufzunehmen, mußten also 6 Versuche gefahren werden. Es war größte Beachtung darauf zu legen, daß bei den zusammengehörigen Versuchen immer die gleichen Voraussetzungen gegeben waren.

Den durchgeführten Untersuchungen lagen die folgenden Einstellwerte zugrunde: (s.S. 30)

Beispiele für die Registrierung zeigt die Abbildung 12, und zwar handelt es sich um die Schriebe des Versuches 16.

Auswertung der Meßergebnisse im Hinblick auf die für das autogene Entspannen wichtigen Größen zeigt die folgende Zusammenstellung. Für die obere (o) Thermoelementenreihe im Abstand von 2 mm, für die mittlere (m) Thermoelementenreihe im Abstand von 7,5 mm und für die untere (u) Thermoelementenreihe im Abstand von 13 mm von der Werkstückoberfläche sind die maximalen Temperaturen in der Wärmezone und in der Schweißnaht und die zugehörigen Temperaturdifferenzen aufgetragen.

Forschungsberichte des Wirtschafts- und Verkehrsministeriums Nordrhein-Westfalen

lfd. Nr.	Brenner höhe	Brennermit- tenabstand	Abstand Bren- ner - Brause	Vorschubgeschwin- digkeit
1	25	150	135	200
2	25	150	135	300
3	25	150	135	400
4	25	150	135	500
5	25	150	155	200
6	25	150	155	200
7	25	150	155	300
8	25	150	155	500
9	25	150	175	200
10	25	150	175	300
11	25	150	175	400
12	25	150	175	500
13	25	180	115	200
14	25	180	115	300
15	25	180	135	200
16	25	180	135	300
17	25	180	135	400
18	25	180	135	500
19	25	180	155	200
20	25	180	155	300

Der Temperaturverlauf quer zur Schweißnaht für die Versuchsreihen 13,14, 15 und 16 ist in den Diagrammen der Abbildungen 13 und 14 veranschaulicht (s.S. 34 u. 35).

Bei der Betrachtung des zeitlichen Temperaturverlaufes an Hand der Diagramme des Oszilloscriptes, wie sie in Abbildung 12, Seite 31, als Beispiel dargestellt sind. zeigt sich für alle Messungen ein ähnlicher Verlauf. Der Brenner überstrich immer zuerst die Thermoelementenreihe, die kurz unter der Oberfläche in einem Abstand von 2 mm eingebracht war. Auf den Diagrammen sind es jeweils die mittleren Kanäle. Dann folgte die Elementenreihe in Mitte des Werkstückes, auf den Diagrammen der untere Kanal, und als letztes die Elemente im Abstand von 13 mm von der Oberfläche. Schon bevor die Brenner eine Reihe der Elemente überfahren hatten, zeigte

Forschungsberichte des Wirtschafts- und Verkehrsministeriums Nordrhein-Westfalen

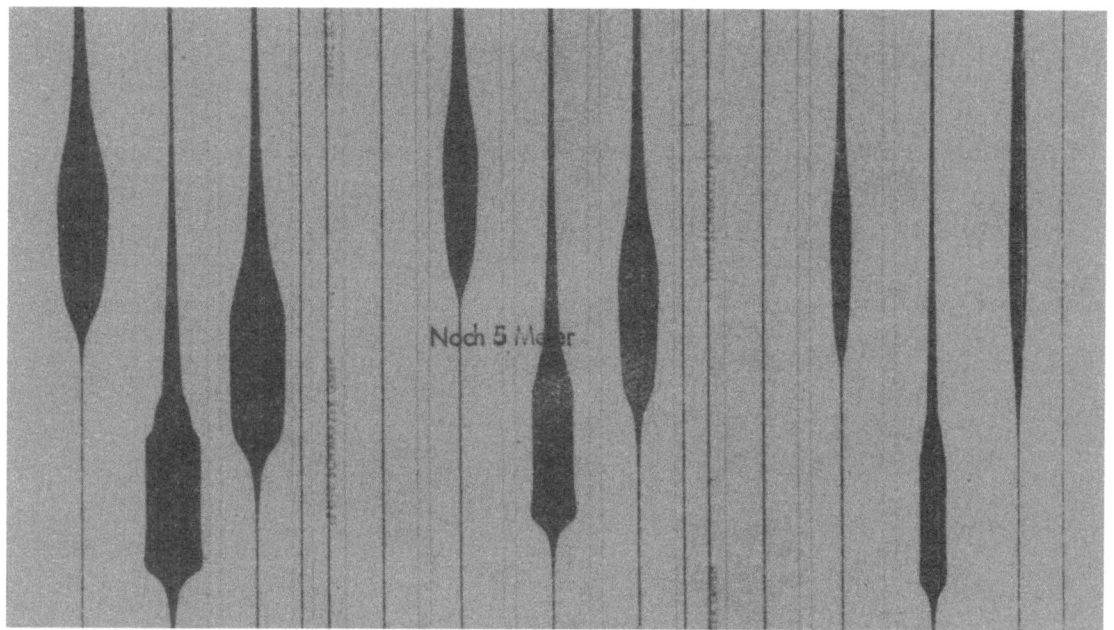

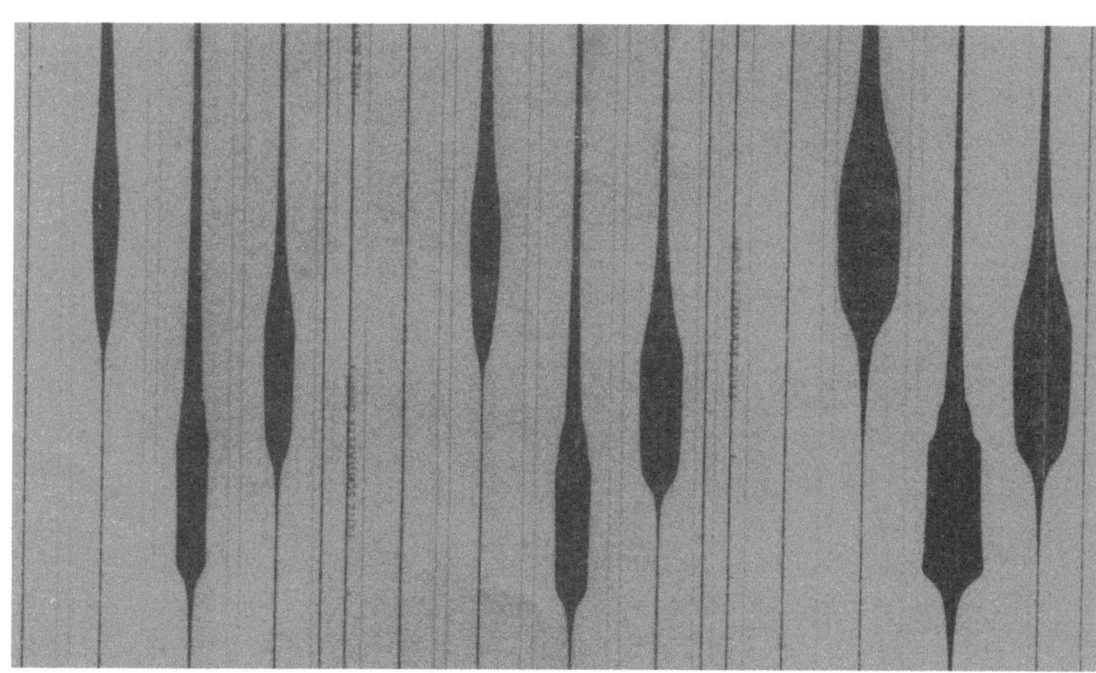

Abbildung 12
Diagramme des Oszilloscripts (Maßstab 1:2,5)

Lfd. Nr.	max. Temperatur in Wärmezone	max. Temperatur in Schweißnaht	Temperaturdifferenz
1 o	225	181	44
m	220	133	87
u	204	173	31
2 o	177	129	48
m	151	88	63
u	147	122	25
3 o	177	107	70
m	156	94	62
u	142	102	40
4 o	138	104	34
m	137	98	39
u	104	94	10
5 o	227	192	35
m	217	141	76
u	208	184	24
6 o	197	141	56
m	180	106	74
u	173	132	41
7 o	163	119	42
m	154	97	57
u	140	117	23
8 o	147	88	59
m	121	73	48
u	116	85	31
9 o	216	190	26
m	219	161	58
u	241	182	59
10 o	187	115	72
m	202	104	98
u	197	105	92

Lfd. Nr.	max. Temperatur in Wärmezone	max. Temperatur in Schweißnaht	Temperaturdifferenz
11 o	170	120	50
m	151	91	60
u	132	112	20
12 o	145	89	56
m	124	73	51
u	117	82	35
13 o	190	128	62
m	176	115	61
u	192	119	73
14 o	169	101	68
m	147	97	50
u	165	87	78
15 o	210	152	58
m	213	142	71
u	213	140	73
16 o	178	105	73
m	170	99	71
u	177	90	87
17 o	166	86	80
m	147	87	60
u	159	79	80
18 o	149	76	73
m	124	74	50
u	141	65	76
19 o	201	156	45
m	190	138	52
u	205	151	54
20 o	173	111	62
m	159	105	54
u	167	97	70

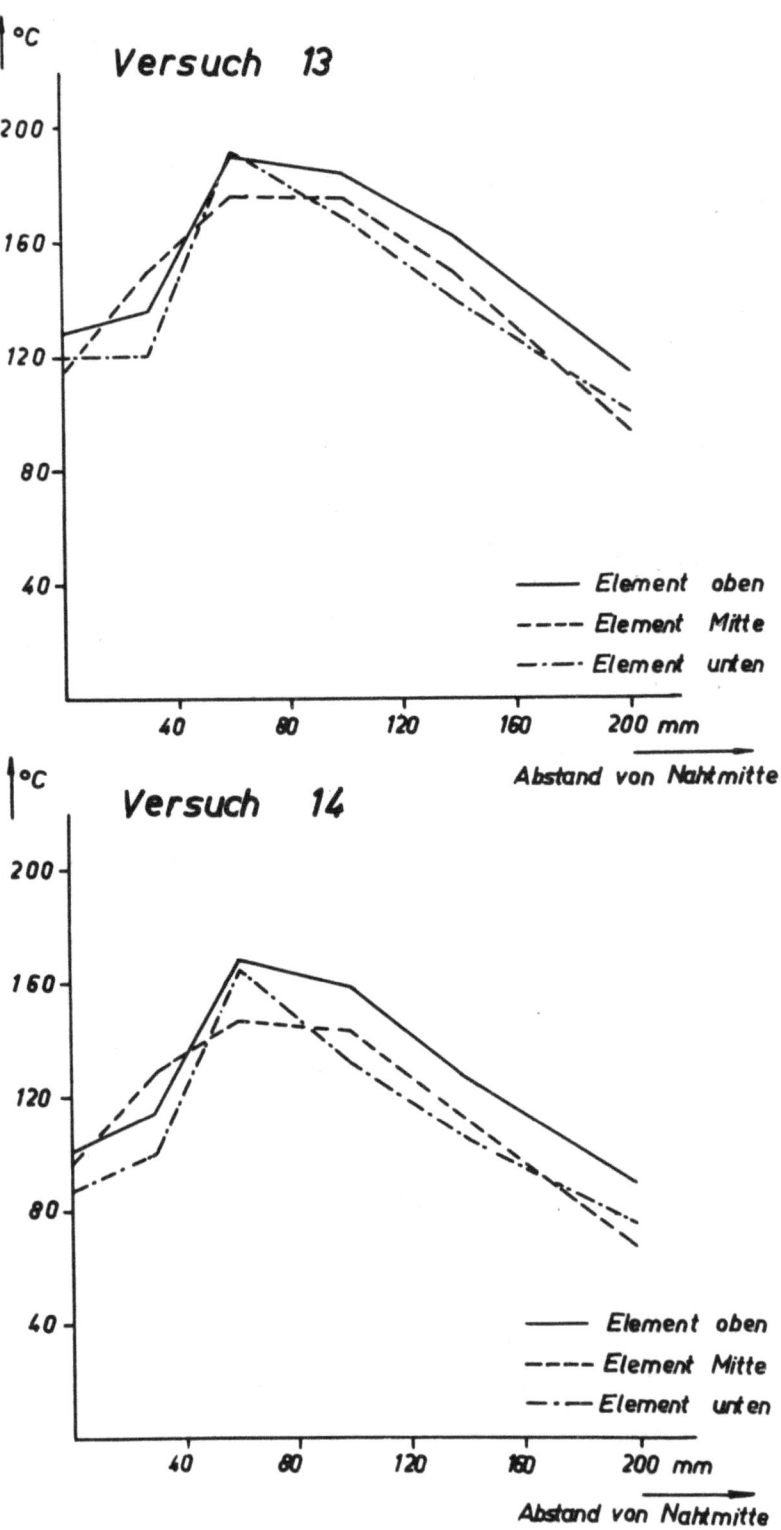

Abbildung 13

Temperaturverlauf quer zur Schweißnaht

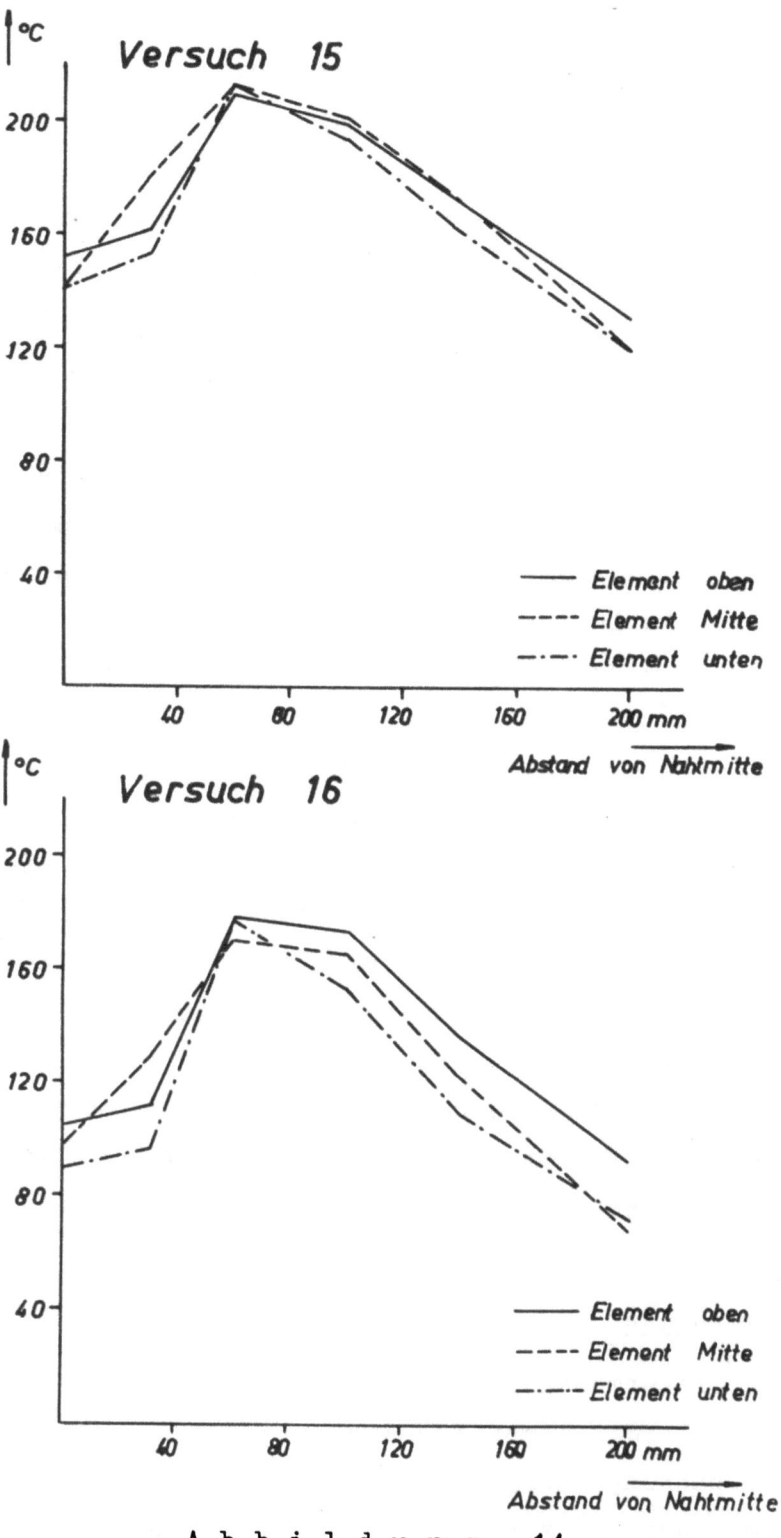

Abbildung 14

Temperaturverlauf quer zur Schweißnaht

sich ein leichter Temperaturanstieg. Das Maximum liegt dann kurz hinter den Flammkegeln. Diese Spitze fällt jedoch sofort steil ab, anschließend bleibt die Temperatur nahezu konstant, bis die Wasserbrause zur Einwirkung kommt. Die Temperatur sinkt zuerst jäh ab, um dann allmählich wieder auf den Ausgangsstand zurückzugehen. Dieses Verhalten ist am stärksten ausgeprägt bei den Elementen in der wärmebeeinflussenden Zone, weil diese direkt unter dem Einfluß der Flamme stehen. Je weiter man sich von dieser entfernt, desto niedriger ist einmal die Temperatur, zum anderen sind der Temperaturanstieg und -abfall nicht so ausgeprägt. Der Werkstoff wird hier nur indirekt durch Wärmeleitung beeinflußt.

Für einen vollkommenen Spannungsabbau ist es, wie schon früher beschrieben, erforderlich, daß die Temperaturdifferenz zwischen der Temperatur in der Schweißnaht und der maximalen Temperatur einen bestimmten Wert erreicht, in unserem Falle 103° C. Gleichzeitig soll der Temperaturverlauf im Werkstück, um eine Entspannungswirkung über den ganzen Querschnitt zu erzielen, gleichmäßig sein. Bei der Auswertung der Versuchsergebnisse zeigte sich, daß die erforderliche Temperaturdifferenz bei keiner Versuchseinstellung erreicht wurde. Trägt man jetzt den Temperaturverlauf quer zur Naht in Diagramme auf, wie Abbildung 13 und 14, Seite 34 und 35 als Beispiel zeigen, so ist diesem zu entnehmen, daß nur bei den Versuchen 13, 14, 15 und 16 der Temperaturverlauf in etwa gleichmäßig über dem Querschnitt ist. Den größten Unterschied in den Temperaturen der Schweißnaht und der Wärmezone weist mit 70 bis 80° C der Versuch 16 auf, so daß dessen Einstellgrößen als optimal angesehen werden müssen. Der Spannungsabbau kann aber nicht vollständig sein, da die Temperaturdifferenz um 20 bis 30 % zu gering ist.

10. Entspannungsversuche

Nachdem durch Temperaturmessung und die Auswertung des Temperaturverlaufes optimale Einstellbedingungen für das autogene Entspannen gefunden waren, wurden Entspannungsversuche durchgeführt. Als Probebleche dienten 6 Platten der Abmessung 500 x 400 x 22 mm^3, die nach dem Sigma-Verfahren verschweißt waren. An diesen zur Verfügung stehenden Versuchsblechen konnten sowohl die autogene Entspannung als auch die zu untersuchenden Verfahren der Messung und der Auslösung von Spannungen erprobt werden. Im einzelnen wurden folgende Untersuchungen angestellt:

Probeblech 1

Zustand	: nicht entspannt
Spannungsauslösung	: Spannungsfreiglühen
Spannungsmessung	: Setzdehnungsmesser

Probeblech 2

Zustand	: nicht entspannt
Spannungsauslösung	: vollständiges Freilegen der Meßstrecken
Spannungsmessung	: Setzdehnungsmesser

Probeblech 3

Zustand	: entspannt
Spannungsauslösung	: vollständiges Freilegen der Meßstrecken
Spannungsmessung	: Setzdehnungsmesser

Probeblech 4

Zustand	: entspannt
Spannungsauslösung	: partielles Freilegen der Meßstrecken
Spannungsmessung	: Setzdehnungsmesser

Probeblech 5

Zustand	: entspannt
Spannungsauslösung	: Bohrlochverfahren
Spannungsmessung	: Setzdehnungsmesser

Probeblech 6

Zustand	: entspannt
Spannungsauslösung	: vollständiges Freilegen der Meßstrecken
Spannungsmessung	: Dehnungsmeßstreifen und Setzdehnungsmesser

In Anlehnung an die Versuche der Temperaturmessung und unter Berücksichtigung der Ergebnisse von Vorversuchen wurden folgende Einstellwerte für das Entspannen eingehalten.

Brennerbreite $b = 100$ mm (Flammstrahlbrenner)

Brennermittenabstand $e = 180$ mm

Brennerabstand von der Werkstückoberfläche $h = 25$ mm

Wasserbrausenabstand   w = 150 mm

Vorschubgeschwindigkeit
des Gerätes   v = 275 mm/min

Als Aufgabe galt es, den gesamten Spannungsverlauf nicht nur der Schweißnaht, sondern des gesamten Versuchsbleches zu erfassen. Die Anordnung der Meßstrecken ist der Abbildung 15 zu entnehmen.

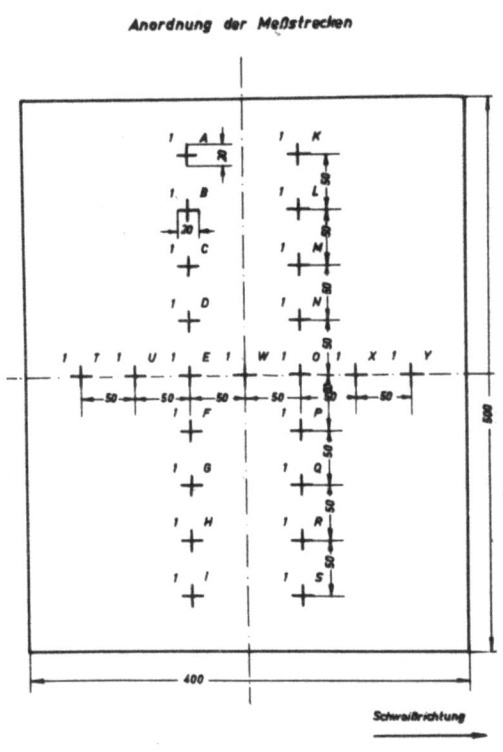

A b b i l d u n g   15

Bei der Auswertung der Versuche muß von der Voraussetzung ausgegangen werden, daß bei den einzelnen Platten sowohl beim Schweißen als auch beim Entspannen die gleichen Versuchsbedingungen eingehalten wurden. Die Spannungsmessungen sind in der schon vorher beschriebenen Weise ausgeführt worden. Die Abbildung 16 zeigt als Beipiel den Verlauf der Längsspannungen parallel und quer zur Naht vor dem Spannungsabbau, die Abbildung 17 die entsprechenden Werte nach der Entspannung. Es handelt sich hierbei um die Probebleche 2 und 3.

Das zur Anwendung gelangte Sigma-Verfahren mit seiner hohen Strombelastbarkeit des Schweißdrahtes und seiner großen Abschmelzleistung hat zur

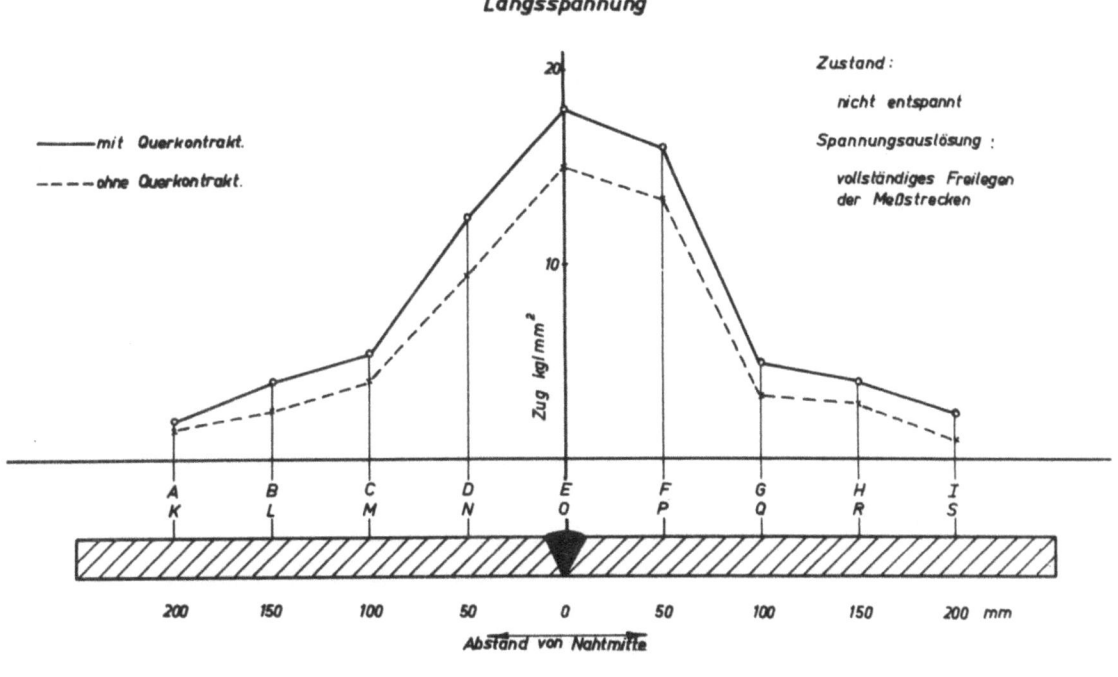
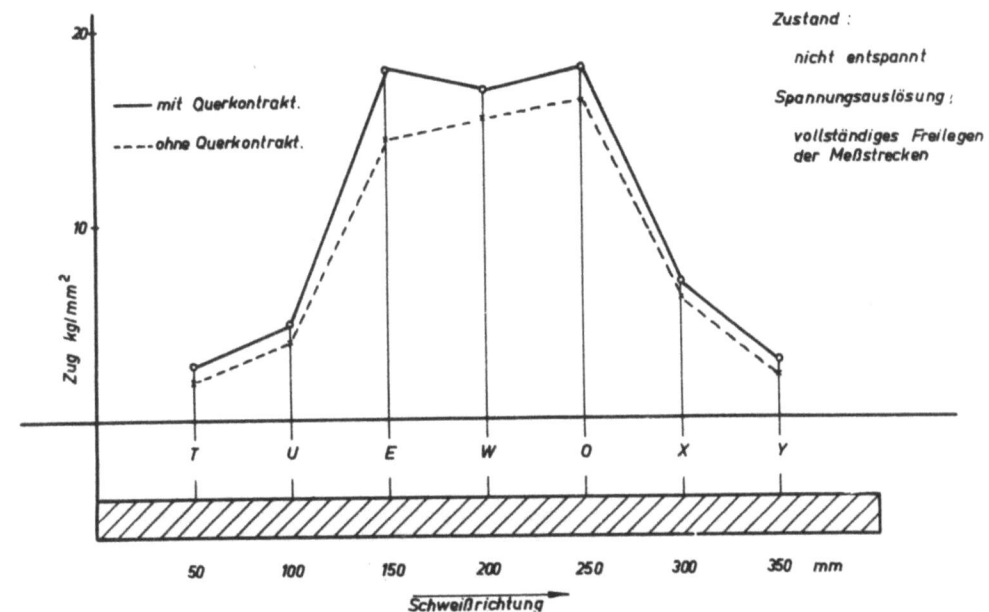

Abbildung 16

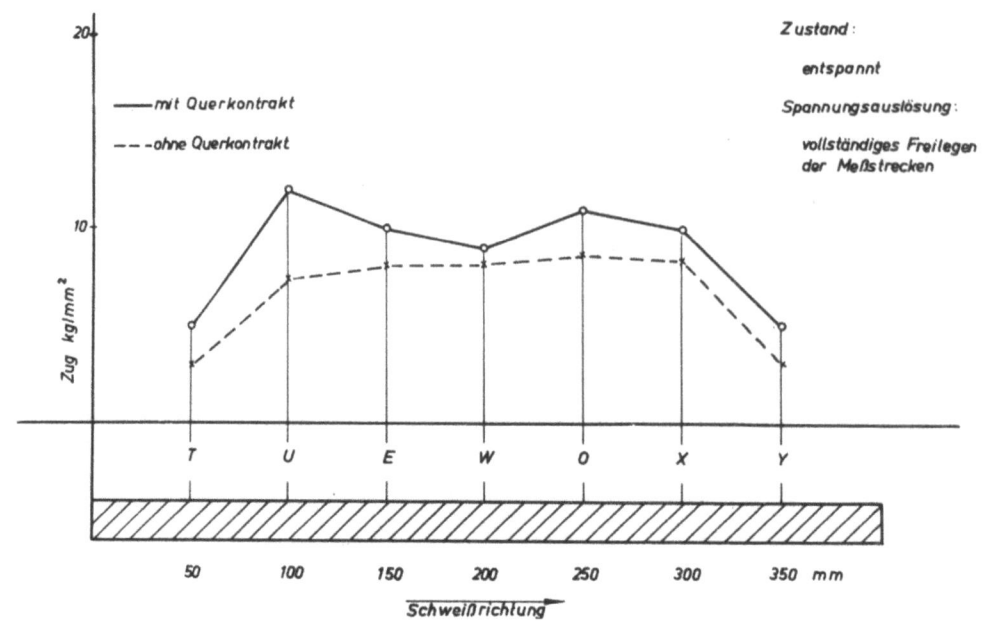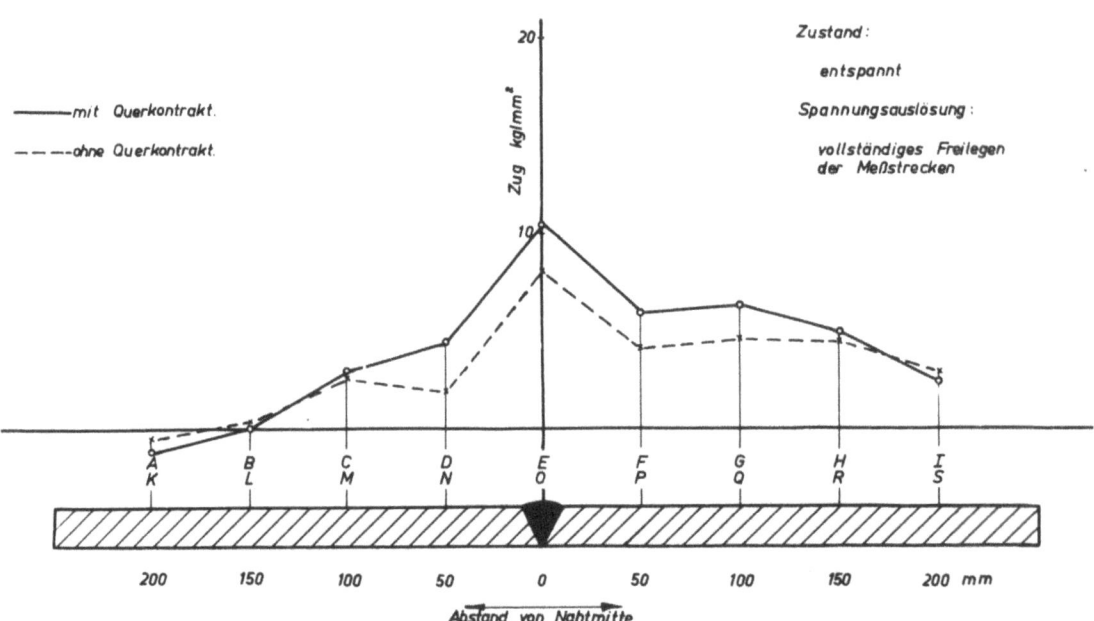

Abbildung 17

Folge, daß in der Zeiteinheit sehr viel Wärmeenergie in den Werkstoff gelangt, die jedoch auf einen schmalen Streifen konzentriert bleibt. In der Schweißnaht selbst und in ihrer unmittelbaren Nähe herrschen große Spannungen, die jedoch dann mit zunehmender Entfernung sehr schnell abklingen.

Neben den Schweißfaktoren ist der Spannungsaufbau weitgehend beeinflußt von den Abmaßen des Probebleches. Als nachteilig erwiesen sich die geringe Länge und Breite der Probebleche von 400 x 500 mm^2. Am Anfang und am Ende der Schweißnaht kam es nicht zur Ausbildung von Spannungen, da sich hier die Schrumpfungen frei auswirken können. Das gleiche gilt für die Blechränder. Während rein theoretisch bei den beiden ersten nicht entspannten Probeblechen in der Naht als Längsspannungen Zugspannungen und in einiger Entfernung von ihr Druckspannungen zu erwarten waren, kam es bei den vorliegenden Bedingungen nur zum Aufbau von Zugspannungen. Sie erzielten in der Naht bei Berücksichtigung der Querkontraktion eine beträchtliche Größe von ungefähr 18 bis 20 kg/mm^2. Dieses entspricht rund 70 bis 75 % der Streckgrenzengröße. Aber schon 100 mm von der Naht entfernt kam es zu einem Abfall auf durchschnittliche Werte von 9 bis 11 kg/mm^2, die dann zum Rande hin noch weiter abnahmen, bis auf Restgrößen von 2 bis 3 kg/mm^2.

Betrachtet man die Spannungen nun einmal in der Naht selber, so zeigt sich, in Schweißrichtung gesehen, in einer Entfernung von rund 100 mm vom Rande ein steiler Anstieg der Längsspannungen bis auf die schon vorhin erwähnten Werte, die jedoch zum Ende des Bleches hin wieder steil abfallen.

Wenn es sich nur um einen Vergleich der Verfahren des Spannungsabbaues, der Spannungsauslösung und der Spannungsmessung handelt, braucht die Querkontraktion nicht berücksichtigt zu werden. Zur Erfassung der absoluten Größen ist sie jedoch erforderlich. Sie wird nur für den zweiachsigen Zustand angewandt, da die Dehnung in Richtung der Blechtiefe als zu gering vernachlässigbar aber auch meßtechnisch nicht erfaßbar ist.

Bei den geschweißten Versuchsblechen handelt es sich um einen symmetrischen Aufbau mit Schrumpfungsmöglichkeiten in allen Richtungen. Deshalb kann mit Sicherheit angenommen werden, daß eine der Hauptsachen der Verformungsellipse parallel zur Schweißnaht verläuft. Zur Ermittlung des gesamten Spannungsaufbaues kommt man somit mit zwei zu einander senkrecht stehenden Messungen aus.

Als Schweißrestspannungen waren diejenigen Spannungen definiert, die nach dem Spannungsabbau durch eines der angewandten Verfahren noch feststellbar waren. Bei der Auswertung der Untersuchungen muß man berücksichtigen, ob die Ergebnisse auch wirklich mit den Tatsachen übereinstimmen. Eine nicht vollständige Spannungsauslösung kann das Ergebnis dahingehend verfälschen, daß man eine größere Wirkung des Spannungsabbaues annimmt. Es können also nur Probebleche, die nach dem gleichen Verfahren bearbeitet wurden, verglichen werden, so daß der angegebene prozentuale Spannungsabbau als sicher angesehen werden kann.

Beim Probeblech 3, bei dem die Meßstrecken vollständig freigelegt wurden, zeigt sich quer zur Naht bei den Längsspannungen ein gleichmäßiger Spannungsaufbau. Die größten Werte liegen bei Berücksichtigung der Querkontraktion nur noch in der Größenordnung von 8 bis 10 kg/mm^2. Dieses entspricht einem prozentualen Spannungsabbau von 60%. Bei der Spannung in der Naht selber ist die Größe der Längsspannung mit rund 9 kg/mm^2 meßbar. Zu beiden Seiten sinken die Werte auf 4 bis 5 kg/mm^2.

Die Versuchsergebnisse des Probebleches 4 bieten die Möglichkeit, die beiden Verfahren der Spannungsauslösung vergleichend zu betrachten, und zwar das vollständige und das partielle Freilegen der Meßstrecken. Das erstere kann nur bei Versuchsblechen angewandt werden, während das letztere für die Praxis größere Bedeutung hat, da keine Zerstörung des Bauteiles erforderlich ist. Die Tiefe der ausgearbeiteten Fuge betrug teilweise 6 mm, teilweise 8 mm. Sie hatte also eine Tiefe von einem Drittel der Blechstärke. Wie die Auswertung der Versuche zeigt, ergibt sich der gleiche Spannungsverlauf wie bei der Probeplatte, bei der die Meßstrecken vollständig freigelegt wurden, so daß auf die einzelnen Ergebnisse nicht mehr eingegangen zu werden braucht. Es kann also gefolgert werden, daß dieses Verfahren mit genügender Genauigkeit in der Praxis angewandt werden kann.

Einen von den bisherigen Ergebnissen abweichenden Spannungsverlauf zeigt die Auswertung der Meßergebnisse des Probebleches 5, bei der die Spannungsauslösung nach dem Bohrlochverfahren vorgenommen worden war. Die Längsspannungen quer zur Naht haben in dieser nur einen kleinen Wert von

1 bis 2 kg/mm^2, sie steigen jedoch in einer Entfernung von 100 bis 150 mm zu einer Größe von 8 kg/mm^2 an, um dann wieder am Rande bis auf 2 bis 3 kg/mm^2 zu sinken. Die Spannungen in der Naht selber haben in der Mitte kleinere Werte als in geringerer Entfernung vom Rande. Bei diesem Verfahren bohrt man im Schnittpunkt der Meßstrecken von Längs- und Querspannungen ein Loch von 10 mm Durchmesser. Die Längendifferenz der Meßstrecken wird durch die Spannungen des sie umgebenden Werkstoffes hervorgerufen. Es besteht nun bei der hier vorliegenden Blechdicke von 22 mm die Möglichkeit, daß es in der Mitte der Platte nicht zum Spannungsabbau kommt, so daß hier die Werte relativ niedriger liegen.

Das Probeblech 6 diente der Untersuchung zweier Verfahren zur Spannungsmessung. Es wurden dieselben Meßstrecken sowohl mit dem Setzdehnungsmesser nach SCHWAIGERER als auch mit dem Dehnungsmeßstreifen aufgenommen. Die Ergebnisse nach dem ersten Verfahren zeigen den schon an anderen Blechen beschriebenen Verlauf. Die Werte der Dehnungsmeßstreifen liegen in der gleichen Größenordnung. Geringfügige Abweichungen sind auf Fehler beim Messen zurückzuführen. Aus dieser Untersuchung kann geschlossen werden, daß das für die Praxis leicht zu handhabende Verfahren der mechanischen Spannungsmessung hinreichend genau arbeitet.

11. Gegenüberstellung der Verfahren der Spannungsmessung

Das Messen der Spannungen wurde im vorliegenden Falle in der Hauptsache nach den gebräuchlichen mechanischen Verfahren mit dem Setzdehnungsmesser nach SCHWAIGERER des Materialprüfungsamtes Stuttgart durchgeführt. Dieses Gerät ist in seiner Handhabung sehr einfach, so daß keine besonderen Kenntnisse und keine große Einarbeitung vorausgesetzt werden müssen. Die Anschaffungskosten sind gering. Die Meßgenauigkeit liegt in der Größenordnung von $\pm 2 \cdot 10^{-3}$ mm. Dieses entspricht bei einer Länge der Meßstrecke von 20 mm ungefähr eine Spannungsdifferenz von ± 2 kg/mm^2. Die Differenz setzt sich zusammen durch Überlagerung der Fehler beim Abgreifen der Eichstrecke, bei ihrem Messen, beim Abgreifen der Meßstrecke und deren Messen. Ein wesentlicher Nachteil ist, daß die Spannungen immer über einer Länge von 20 mm, der Länge der Meßstrecke, gemittelt werden, so daß also örtlich auftretende Spannungsspitzen nicht festgestellt werden können. Dennoch reicht die erzielte Meßgenauigkeit für die Belange der Praxis aus.

Dem mechanischen Verfahren zum Messen der Spannungen wurde das elektrische, das mit Dehnungsmeßstreifen arbeitet, gegenübergestellt. Man erzielt hiermit eine bedeutend größere Meßgenauigkeit, jedoch ist ein erheblicher apparativer Aufwand erforderlich. Wünschenswert wären Meßstreifen mit noch geringerer Meßlänge als die bekannten von 3 bis 10 mm, um auch lokale Spannungsspitzen erfassen zu können. Wegen der auftretenden Schwierigkeiten bei der Handhabung sollte dieses Verfahren in der Praxis immer nur zum Vergleich und zur Kontrolle anderer Meßmethoden eingesetzt werden.

12. Gegenüberstellung der Verfahren der Spannungsauslösung

In den Versuchen wurden mehrere Verfahren zur Spannungsauslösung miteinander verglichen und auf die Richtigkeit ihrer Ergebnisse untersucht. Wenn eine vollständige Zerstörung des Bauteiles, z.B. bei Versuchskonstruktionen möglich ist, führt man das vollständige Freilegen der Meßstrecken durch. Dieses geschieht mittels eines Zerspanungsvorganges. Jedoch darf beim Bearbeiten keine Wärme in die Meßklötzchen gebracht werden, da hierdurch das Meßergebnis verfälscht würde.

Eine Abänderung hiervon ist das partielle Freilegen der Meßstrecken, bei dem auf die Zerstörung des Bauteiles verzichtet werden kann. Die herausgearbeitete Fuge kann später wieder zugeschweißt werden. Die Versuche und der Vergleich der Ergebnisse mit denen des Verfahrens mit vollständigem Freilegen der Meßstrecekn beweisen, daß eine Fugentiefe von einem Drittel der Blechstärke als hinreichend für die Auslösung der Spannungen angesehen werden muß. Das Ausarbeiten der Fuge hat so vor sich zu gehen, daß keine Beeinträchtigung der Meßstrecken durch Wärme, z.B. beim Zerspanen, oder durch Kaltverformung, z.B. beim Ausmeißeln, auftreten kann. Das Verfahren liefert also Ergebnisse, die den Anforderungen der Praxis weitgehend genügen.

Auch bei der Anwendung des Bohrlochverfahrens zeigt sich nur eine geringfügige Änderung der Meßergebnisse. Infolge der Einfacheit der Durchführung für die Praxis hat sich dieses Verfahren sehr gut eingeführt. Die sich mit dieser Methode ergebende Meßgenauigkeit ist als groß genug anzusehen.

Forschungsberichte des Wirtschafts- und Verkehrsministeriums Nordrhein-Westfalen

13. Gegenüberstellung der Verfahren des Spannungsabbaues

Dem autogenen Entspannen wurde bei den vorliegenden Versuchen, um Vergleichsmöglichkeiten zu bekommen, ein anderes Verfahren zum Spannungsabbau gegenübergestellt. Bei dem angewandten Spannungsfreiglühen, das eine Ofenbehandlung von ungefähr 600° C vorausgesetzt, hat man bei Beachtung der vorgeschriebenen Haltedauer die Gewißheit, daß die Schweißspannungen bis auf eine Größe die der Warmstreckgrenze eben dieser Temperatur entspricht, abgebaut werden. Es erübrigt sich also eine spätere Messung. Unwirtschaftlich ist, daß unabhängig von der Größe der zu glühenden Teile immer der ganze Ofen angeheizt werden muß. Bei mehreren Stücken richtet sich die Haltedauer nach dem mit der größten Wandstärke. Weiter müssen die Teile je nach der vorhandenen Konstruktion abgestützt werden, da die Steifigkeit bei der vorliegenden Temperatur stark abnimmt. Oft ist sogar wegen der Größe eine Ofenbehandlung nicht mehr möglich.

Das autogene Entspannen bei niedrigen Temperaturen dagegen ist unabhängig von der Größe des Bauteiles. Es ist lediglich erforderlich, daß die Schweißnaht zugänglich ist. Auch darf die Blechdicke eine bestimmte Stärke von 40 mm nicht übersteigen. Das Verfahren erweist sich als äußerst wirtschaftlich, da die Anschaffungs- und Betriebskosten sehr gering sind und somit in keinem Vergleich zu den ersparten Material- und Fertigungskosten stehen.

Auch die Energieversorgung gestaltet sich einfach. Neben Wasser für die Brause und Strom für den Antriebsmotor benötigt man noch Sauerstoff und Azetylen, das man meistens Flaschen entnimmt. Bei sorgfältiger Wahl der Einstellgrößen kann, wie aus den durchgeführten Versuchen ersichtlich ist, ein Spannungsabbau bis auf 30 bis 40% durchgeführt werden. Eine sorgfältige Bestimmung der Schweißrestspannungen ist jeweils erforderlich. Auf die kleinen Abmessungen der Versuchsbleche ist es zurückzuführen, daß es bei den Probeplatten nicht zu einem vollständigen Spannungsabbau kommen konnte. Die den vorhandenen Spannungen sich überlagernden Wärmespannungen konnten nicht in genügender Größe aufgebaut werden, um die Streckgrenze zu erreichen, da sie Gelegenheit hatten, sich in Schrumpfungen umzuwandeln. Bei der vorliegenden V-Naht waren an der Oberfläche die größten Spannungen zu erwarten, deshalb wurde auch nur von dieser Seite entspannt. Es wurde, wie Probemessungen ergaben, trotzdem ein gleichmäßiger Spannungsabbau sowohl an der Oberfläche als auch an der Unterseite der Bleche erreicht.

14. Zusammenfassung

Die vorliegende Arbeit behandelt den Aufbau der Spannungen, besonders der Schweißspannungen, nach Größe und Richtung. Die Methoden der Spannungsmessung und der dafür erforderlichen Spannungsauslösung wurden eingehend untersucht und in bezug auf ihre Anwendung für die Praxis miteinander verglichen. Da die vorhandenen Spannungen eine Herabsetzung der Beanspruchungsmöglichkeit des Bauteiles verursachen, ist man bestrebt, sie abzubauen. Neben den bekannten Verfahren wurden besonders die Arbeitsweise und die Wirkung des autogenen Entspannens bei niedrigen Temperaturen eingehend erläutert.

Die praktischen Versuche erfolgten an Blechen, die nach dem Sigma-Verfahren geschweißt waren. Infolge der hohen Strombelastbarkeit des Zusatzdrahtes und der damit verbundenen großen Abschmelzleistung bilden sich in der Naht Spannungsspitzen aus, die jedoch in einiger Entfernung von ihr stark abklingen.

Voraussetzung für einen vollständigen Abbau der Spannungen ist das Erreichen der nach der Entspannungsgleichung bestimmbaren Temperaturdifferenz zwischen Schweißnaht und Wärmezone. Weiter ist anzustreben, daß der Temperaturverlauf an der Blechober- und Blechunterseite gleichmäßig ist. Die Temperaturen wurden bei Veränderung der einzelnen Einstellgrößen des Entspannungsgerätes mit Thermoelementen gemessen; ihr zeitlicher Verlauf wurde registriert.

Zum Abbau der Spannungen sind Schweißnähte an Probeplatten autogen entspannt oder spannungsfrei geglüht worden. Die für das erste Verfahren benötigten Einstellgrößen sind in Anlehnung an die Temperaturmessung gewählt worden. Das Ergebnis des Spannungsabbaues betrug im Mittel 60 %. Ein höherer Wert konnte nicht erwartet werden, da ein Teil der Wärmespannungen, die sich den Schweißspannungen überlagern sollen, sich bei den kleinen Abmaßen der zur Verfügung stehenden Versuchsbleche in Schrumpfungen umwandeln konnte.

Bei großen Schweißkonstruktionen, die keine Ofenbehandlung zulassen, bietet das autogene Entspannen die einzige Möglichkeit, Schweißspannungen abzubauen. Die entstehenden Kosten machen nur einen Bruchteil der auf diese Weise ersparten Material- und Fertigungskosten aus.

Forschungsberichte des Wirtschafts- und Verkehrsministeriums Nordrhein-Westfalen

Der Einfluß des autogenen Entspannens und der für dieses Verfahren erforderlichen Wärmebehandlung auf die technologischen Eigenschaften des Grundwerkstoffes und der Schweißverbindung wurden im Rahmen dieser Aufgabe nicht untersucht.

Die mit der Spannungsmessung verbundene Spannungsauslösung wurde nach folgenden Verfahren durchgeführt:

> Vollständiges Freilegen der Meßstrecken
> Partielles Freilegen der Meßstrecken
> Bohrlochverfahren

Alle drei Verfahren zeigten in ihrer Anwendung befriedigende Ergebnisse. Für die Praxis haben das partielle Freilegen der Meßstrecken und das Bohrlochverfahren die größere Bedeutung, da auf eine Zerstörung des Bauteiles verzichtet wird.

Für die Messung der Spannungen selbst konnten zwei Möglichkeiten miteinander verglichen werden:

> Setzdehnungsmesser nach SCHWAIGERER
> Dehnungsmeßstreifen.

Wegen des großen apparativen Aufwandes und der Schwierigkeiten bei der Handhabung sollte die elektrische Methode, obwohl sie genauer arbeitet nur zur Kontrolle der in der Anwendung einfacheren und wirtschaftlicheren mechanischen Geräte benutzt werden. Die mit Hilfe des Setzdehnungsmessers gefundenen Ergebnisse besitzen eine für die Belange der Praxis ausreichende Genauigkeit.

> Professor Dr.-Ing. habil. Karl KREKELER
> Dipl.-Ing. Hans VERHOEVEN
> Dipl.-Ing. Horst ERNENPUTSCH

15. Literaturverzeichnis

(1) BOLLENRATH — Eigenspannungen in Schweißnähten "Stahl und Eisen", Band 54/1934

(2) BOLLENRATH — Das Verhalten von Schweißspannungen in Behältern bei innerem Überdruck "Stahl und Eisen", Band 57/1937

(3) EMSCHERMANN — Dehnungsmeßverfahren in der Festigkeitsforschung "Konstruktion", Heft 4/1952

(4) KUNZ — Autogenes Entspannen von Schweißnähten. Mitteilungen der Befa Nr. 7/55

(5) RÖTSCHER - JASCHKE — Dehnungsmessungen und ihre Auswertung. Springer - Verlag, 1939

(6) SCHIMPKE - HORN — Praktisches Handbuch der gesamten Schweißtechnik. Springer-Verlag, 1948

(7) SCHWAIGERER — Experimentelle Ermittlung von Spannungen VDI - Zeitschrift, Band 94/1952

(8) WELLINGER — Möglichkeiten des Abbaues von Schweißrestspannungen "Schweißen und Schneiden", Bd. 5/1953

FORSCHUNGSBERICHTE DES WIRTSCHAFTS- UND VERKEHRSMINISTERIUMS NORDRHEIN-WESTFALEN

Herausgegeben von Staatssekretär Prof. Dr. h. c. Leo Brandt

HEFT 1
Prof. Dr.-Ing. E. Flegler, Aachen
Untersuchungen oxydischer Ferromagnet-Werkstoffe
1952, 20 Seiten, DM 6,75

HEFT 2
Prof. Dr. W. Fuchs, Aachen
Untersuchungen über absatzfreie Teeröle
1952, 32 Seiten, 5 Abb., 6 Tabellen, DM 10,—

HEFT 3
Techn.-Wissenschaftl. Büro für die Bastfaserindustrie, Bielefeld
Untersuchungsarbeiten zur Verbesserung des Leinenwebstuhls
1952, 44 Seiten, 7 Abb., 3 Tabellen, DM 12,50

HEFT 4
Prof. Dr. E. A. Müller und Dipl.-Ing. H. Spitzer, Dortmund
Untersuchungen über die Hitzebelastung in Hüttenbetrieben
1952, 28 Seiten, 5 Abb., 1 Tabelle, DM 9,—

HEFT 5
Dipl.-Ing. W. Fister, Aachen
Prüfstand der Turbinenuntersuchungen
1952, 40 Seiten, 30 Abb., 3 Schaltbilder, DM 1,—

HEFT 6
Prof. Dr. W. Fuchs, Aachen
Untersuchungen über die Zusammensetzung und Verwendbarkeit von Schwelteerfraktionen
1952, 36 Seiten, DM 10,50

HEFT 7
Prof. Dr. W. Fuchs, Aachen
Untersuchungen über emsländisches Petrolatum
1952, 36 Seiten, 1 Abb., 17 Tabellen, DM 10,50

HEFT 8
M. E. Meffert und H. Stratmann, Essen
Algen-Großkulturen im Sommer 1951
1953, 52 Seiten, 4 Abb., 20 Tabellen, DM 9,75

HEFT 9
Techn.-Wissenschaftl. Büro für die Bastfaserindustrie, Bielefeld
Untersuchungen über die zweckmäßige Wicklungsart von Leinengarnkreuzspulen unter Berücksichtigung der Anwendung hoher Geschwindigkeiten des Garnes
Vorversuche für Zetteln und Schären von Leinengarnen auf Hochleistungsmaschinen
1952, 48 Seiten, 7 Abb., 7 Tabellen, DM 9,25

HEFT 10
Prof. Dr. W. Vogel, Köln
„Das Streifenpaar" als neues System zur mechanischen Vergrößerung kleiner Verschiebungen und seine technischen Anwendungsmöglichkeiten
1953, 20 Seiten, 6 Abb., DM 4,50

HEFT 11
Laboratorium für Werkzeugmaschinen und Betriebslehre, Technische Hochschule Aachen
1. Untersuchungen über Metallbearbeitung im Fräsvorgang mit Hartmetallwerkzeugen und negativem Spanwinkel
2. Weiterentwicklung des Schleifverfahrens für die Herstellung von Präzisionswerkstücken unter Vermeidung hoher Temperaturen
3. Untersuchung von Oberflächenveredlungsverfahren zur Steigerung der Belastbarkeit hochbeanspruchter Bauteile
1953, 80 Seiten, 61 Abb., DM 15,75

HEFT 12
Elektrowärme-Institut, Langenberg (Rhld.)
Induktive Erwärmung mit Netzfrequenz
1952, 22 Seiten, 6 Abb., DM 5,20

HEFT 13
Techn.-Wissenschaftl. Büro für die Bastfaserindustrie, Bielefeld
Das Naßspinnen von Bastfasergarnen mit chemischen Zusätzen zum Spinnbad
1953, 52 Seiten, 4 Abb., 19 Tabellen, DM 10,—

HEFT 14
Forschungsstelle für Acetylen, Dortmund
Untersuchungen über Aceton als Lösungsmittel für Acetylen
1952, 64 Seiten, 10 Abb., 26 Tabellen, DM 12,25

HEFT 15
Wäschereiforschung Krefeld
Trocknen von Wäschestoffen
1953, 48 Seiten, 14 Abb., 2 Tabellen, DM 9,—

HEFT 16
Max-Planck-Institut für Kohlenforschung, Mülheim a. d. Ruhr
Arbeiten des MPI für Kohlenforschung
1953, 104 Seiten, 9 Abb., DM 17,80

HEFT 17
Ingenieurbüro Herbert Stein, M.-Gladbach
Untersuchung der Verzugsvorgänge in den Streckwerken verschiedener Spinnereimaschinen. 1. Bericht: Vergleichende Prüfung mit verschiedenen Dickenmeßgeräten
1952, 36 Seiten, 15 Abb., DM 8,—

HEFT 18
Wäschereiforschung Krefeld
Grundlagen zur Erfassung der chemischen Schädigung beim Waschen
1953, 68 Seiten, 15 Abb., 15 Tabellen, DM 12,75

HEFT 19
Techn.-Wissenschaftl. Büro für die Bastfaserindustrie, Bielefeld
Die Auswirkung des Schlichtens von Leinengarnketten auf den Verarbeitungswirkungsgrad, sowie die Festigkeit und Dehnungsverhältnisse der Garne und Gewebe
1953, 48 Seiten, 1 Abb., 9 Tabellen, DM 9,—

HEFT 20
Techn.-Wissenschaftl. Büro für die Bastfaserindustrie, Bielefeld
Trocknung von Leinengarnen I
Vorgang und Einwirkung auf die Garnqualität
1953, 62 Seiten, 18 Abb., 5 Tabellen, DM 12,—

HEFT 21
Techn.-Wissenschaftl. Büro für die Bastfaserindustrie, Bielefeld
Trocknung von Leinengarnen II
Spulenanordnung und Luftführung beim Trocknen von Kreuzspulen
1953, 66 Seiten, 22 Abb., 9 Tabellen, DM 13,—

HEFT 22
Techn.-Wissenschaftl. Büro für die Bastfaserindustrie, Bielefeld
Die Reparaturanfälligkeit von Webstühlen
1953, 28 Seiten, 7 Abb., 5 Tabellen, DM 5,80

HEFT 23
Institut für Starkstromtechnik, Aachen
Rechnerische und experimentelle Untersuchungen zur Kenntnis der Metadyne als Umformer von konstanter Spannung auf konstanten Strom
1953, 52 Seiten, 20 Abb., 4 Tafeln, DM 9,75

HEFT 24
Institut für Starkstromtechnik, Aachen
Vergleich verschiedener Generator-Metadyne-Schaltungen in bezug auf statisches Verhalten
1952, 44 Seiten, 23 Abb., DM 8,50

HEFT 25
Gesellschaft für Kohlentechnik mbH., Dortmund-Eving
Struktur der Steinkohlen und Steinkohlen-Kokse
1953, 58 Seiten, DM 11,—

HEFT 26
Techn.-Wissenschaftl. Büro für die Bastfaserindustrie, Bielefeld
Vergleichende Untersuchungen zweier neuzeitlicher Ungleichmäßigkeitsprüfer für Bänder und Garne hinsichtlich ihrer Eignung für die Bastfaserspinnerei
1953, 64 Seiten, 30 Abb., DM 12,50

HEFT 27
Prof. Dr. E. Schratz, Münster
Untersuchungen zur Rentabilität des Arzneipflanzenanbaues Römische Kamille, Anthemis nobilis L.
1953, 16 Seiten, 1 Tabelle, DM 3,60

HEFT 28
Prof. Dr. E. Schratz, Münster
Calendula officinalis L. Studien zur Ernährung, Blütenfüllung und Rentabilität der Drogengewinnung
1953, 24 Seiten, 2 Abb., 3 Tabellen, DM 5,20

HEFT 29
Techn.-Wissenschaftl. Büro für die Bastfaserindustrie, Bielefeld
Die Ausnützung der Leinengarne in Geweben
1953, 100 Seiten, 14 Abb., 10 Tabellen, DM 17,80

HEFT 30
Gesellschaft für Kohlentechnik mbH., Dortmund-Eving
Kombinierte Entaschung und Verschwelung von Steinkohle; Aufarbeitung von Steinkohlenschlämmen zu verkokbarer oder verschwelbarer Kohle
1953, 56 Seiten, 16 Abb., 10 Tabellen, DM 10,50

HEFT 31
Dipl.-Ing. A. Stormanns, Essen
Messung des Leistungsbedarfs von Doppelsteg-Kettenförderern
1954, 54 Seiten, 18 Abb., 3 Anlagen, DM 11,—

HEFT 32
Techn.-Wissenschaftl. Büro für die Bastfaserindustrie, Bielefeld
Der Einfluß der Natriumchloridbleiche auf Qualität und Verwebbarkeit von Leinengarnen und die Eigenschaften der Leinengewebe unter besonderer Berücksichtigung des Einsatzes von Schützen- und Spulenwechselautomaten in der Leinenweberei
1953, 64 Seiten, 2 Abb., 12 Tabellen, DM 11,50

HEFT 33
Kohlenstoffbiologische Forschungsstation e. V.
Eine Methode zur Bestimmung von Schwefeldioxyd und Schwefelwasserstoff in Rauchgasen und in der Atmosphäre
1953, 32 Seiten, 8 Abb., 3 Tabellen, DM 6,50

HEFT 34
Textilforschungsanstalt Krefeld
Quellungs- und Entquellungsvorgänge bei Faserstoffen
1953, 52 Seiten, 13 Abb., 13 Tabellen, DM 9,80

WESTDEUTSCHER VERLAG · KÖLN UND OPLADEN

HEFT 35
Professor Dr. W. Kast, Krefeld
Feinstrukturuntersuchungen an künstlichen Zellulosefasern verschiedener Herstellungsverfahren. Teil I: Der Orientierungszustand
1953, 74 Seiten, 30 Abb., 7 Tabellen, DM 13,80

HEFT 36
Forschungsinstitut der feuerfesten Industrie, Bonn
Untersuchungen über die Trocknung von Rohton
Untersuchungen über die chemische Reinigung von Silika- und Schamotte-Rohstoffen mit chlorhaltigen Gasen
1953, 60 Seiten, 5 Abb., 5 Tabellen, DM 11,—

HEFT 37
Forschungsinstitut der feuerfesten Industrie, Bonn
Untersuchungen über den Einfluß der Probenvorbereitung auf die Kaltdruckfestigkeit feuerfester Steine
1953, 40 Seiten, 2 Abb., 5 Tabellen, DM 7,80

HEFT 38
Forschungsstelle für Acetylen, Dortmund
Untersuchungen über die Trocknung von Acetylen zur Herstellung von Dissousgas
1953, 36 Seiten, 11 Abb., 3 Tabellen, DM 6,80

HEFT 39
Forschungsgesellschaft Blechverarbeitung e. V., Düsseldorf
Untersuchungen an prägegemusterten und vorgelochten Blechen
1953, 46 Seiten, 34 Abb., DM 9,50

HEFT 40
Landesgeologe Dr.-Ing. W. Wolff, Amt für Bodenforschung, Krefeld
Untersuchungen über die Anwendbarkeit geophysikalischer Verfahren zur Untersuchung von Spateisengängen im Siegerland
1953, 46 Seiten, 8 Abb., DM 8,80

HEFT 41
Techn.-Wissenschaftl. Büro für die Bastfaserindustrie, Bielefeld
Untersuchungsarbeiten zur Verbesserung des Leinenwebstuhles II
1953, 40 Seiten, 4 Abb., 5 Tabellen, DM 7,80

HEFT 42
Professor Dr. B. Helferich, Bonn
Untersuchungen über Wirkstoffe — Fermente — in der Kartoffel und die Möglichkeit ihrer Verwendung
1953, 58 Seiten, 9 Abb., DM 11,—

HEFT 43
Forschungsgesellschaft Blechverarbeitung e. V., Düsseldorf
Forschungsergebnisse über das Beizen von Blechen
1953, 48 Seiten, 38 Abb., 2 Tabellen, DM 11,30

HEFT 44
Arbeitsgemeinschaft für praktische Dehnungsmessung, Düsseldorf
Eigenschaften und Anwendungen von Dehnungsmeßstreifen
1953, 68 Seiten, 43 Abb., 2 Tabellen, DM 13,70

HEFT 45
Losenhausenwerk Düsseldorfer Maschinenbau AG., Düsseldorf
Untersuchungen von störenden Einflüssen auf die Lastgrenzenanzeige von Dauerschwingprüfmaschinen
1953, 36 Seiten, 11 Abb., 3 Tabellen, DM 7,25

HEFT 46
Prof. Dr. W. Fuchs, Aachen
Untersuchungen über die Aufbereitung von Wasser für die Dampferzeugung in Benson-Kesseln
1953, 58 Seiten, 18 Abb., 9 Tabellen, DM 11,20

HEFT 47
Prof. Dr.-Ing. K. Krekeler, Aachen
Versuche über die Anwendung der induktiven Erwärmung zum Sintern von hochschmelzenden Metallen sowie zur Anlegierung und Vergütung von aufgespritzten Metallschichten mit dem Grundwerkstoff
1954, 66 Seiten, 39 Abb., DM 13,90

HEFT 48
Max-Planck-Institut für Eisenforschung, Düsseldorf
Spektrochemische Analyse der Gefügebestandteile in Stählen nach ihrer Isolierung
1953, 38 Seiten, 8 Abb., 5 Tabellen, DM 7,80

HEFT 49
Max-Planck-Institut für Eisenforschung, Düsseldorf
Untersuchungen über Ablauf der Desoxydation und die Bildung von Einschlüssen in Stählen
1953, 52 Seiten, 19 Abb., 3 Tabellen, DM 12,40

HEFT 50
Max-Planck-Institut für Eisenforschung, Düsseldorf
Flammenspektralanalytische Untersuchung der Ferritzusammensetzung in Stählen
1953, 44 Seiten, 15 Abb., 4 Tabellen, DM 8,60

HEFT 51
Verein zur Förderung von Forschungs- und Entwicklungsarbeiten in der Werkzeugindustrie e. V., Remscheid
Untersuchungen an Kreissägeblättern für Holz, Fehler- und Spannungsprüfverfahren
1953, 50 Seiten, 23 Abb., DM 10,—

HEFT 52
Forschungsstelle für Acetylen, Dortmund
Untersuchungen über den Umsatz bei der explosiblen Zersetzung von Azetylen
a) Zersetzung von gasförmigem Azetylen
b) Zersetzung von an Silikagel absorbiertem Azetylen
1954, 48 Seiten, 8 Abb., 10 Tabellen, DM 9,25

HEFT 53
Professor Dr.-Ing. H. Opitz, Aachen
Reibwert und Verschleißmessungen an Kunststoffgleitführungen für Werkzeugmaschinen
1954, 38 Seiten, 18 Abb., DM 8,20

HEFT 54
Professor Dr.-Ing. F. A. F. Schmidt, Aachen
Schaffung von Grundlagen für die Erhöhung der spez. Leistung und Herabsetzung des spez. Brennstoffverbrauches bei Ottomotoren mit Teilbericht über Arbeiten an einem neuen Einspritzverfahren
1954, 34 Seiten, 15 Abb., DM 7,40

HEFT 55
Forschungsgesellschaft Blechverarbeitung e. V., Düsseldorf
Chemisches Glänzen von Messing und Neusilber
1954, 50 Seiten, 21 Abb., 1 Tabelle, DM 10,20

HEFT 56
Forschungsgesellschaft Blechverarbeitung e. V., Düsseldorf
Untersuchungen über einige Probleme der Behandlung von Blechoberflächen
1954, 52 Seiten, 42 Abb., DM 11,20

HEFT 57
Prof. Dr.-Ing. F. A. F. Schmidt, Aachen
Untersuchungen zur Erforschung des Einflusses des chemischen Aufbaues des Kraftstoffes auf sein Verhalten im Motor und in Brennkammern von Gasturbinen
1954, 70 Seiten, 32 Abb., DM 14,60

HEFT 58
Gesellschaft für Kohlentechnik mbH., Dortmund
Herstellung und Untersuchung von Steinkohlenschwelteer
1954, 74 Seiten, 9 Abb., 9 Tabellen, DM 13,75

HEFT 59
Forschungsinstitut der Feuerfest-Industrie e. V., Bonn
Ein Schnellanalysenverfahren zur Bestimmung von Aluminiumoxyd, Eisenoxyd und Titanoxyd in feuerfestem Material mittels organischer Farbreagenzien auf photometrischem Wege
Untersuchungen des Alkali-Gehaltes feuerfester Stoffe mit dem Flammenphotometer nach Riehm-Lange
1954, 62 Seiten, 12 Abb., 3 Tabellen, DM 11,60

HEFT 60
Forschungsgesellschaft Blechverarbeitung e. V., Düsseldorf
Untersuchungen über das Spritzlackieren im elektrostatischen Hochspannungsfeld
1954, 82 Seiten, 53 Abb., 7 Tabellen, DM 17,—

HEFT 61
Verein zur Förderung von Forschungs- und Entwicklungsarbeiten in der Werkzeugindustrie e. V., Remscheid
Schwingungs- und Arbeitsverhalten von Kreissägeblättern für Holz
1954, 54 Seiten, 31 Abb., DM 11,40

HEFT 62
Professor Dr. W. Franz, Institut für theoretische Physik der Universität Münster
Berechnung des elektrischen Durchschlags durch feste und flüssige Isolatoren
1954, 36 Seiten, DM 7,—

HEFT 63
Textilforschungsanstalt Krefeld
Neue Methoden zur Untersuchung der Wirkungsweise von Textilhilfsmitteln
Untersuchungen über Schlichtungs- und Entschlichtungsvorgänge
1954, 34 Seiten, 1 Abb., 5 Tabellen, DM 6,80

HEFT 64
Textilforschungsanstalt Krefeld
Die Kettenlängenverteilung von hochpolymeren Faserstoffen
Über die fraktionierte Fällung von Polyamiden
1954, 44 Seiten, 13 Abb., DM 8,60

HEFT 65
Fachverband Schneidwarenindustrie, Solingen
Untersuchungen über das elektrolytische Polieren von Tafelmesserklingen aus rostfreiem Stahl
1954, 90 Seiten, 38 Abb., 9 Tabellen, DM 17,35

HEFT 66
Dr.-Ing. P. Füsgen VDI †, Düsseldorf
Untersuchungen über das Auftreten des Ratterns bei selbsthemmenden Schneckengetrieben und seine Verhütung
1954, 32 Seiten, 5 Abb., DM 6,60

HEFT 67
Heinrich Wösthoff o. H. G., Apparatebau, Bochum
Entwicklung einer chemisch-physikalischen Apparatur zur Bestimmung kleinster Kohlenoxyd-Konzentrationen
1954, 94 Seiten, 48 Abb., 2 Tabellen, DM 18,25

HEFT 68
Kohlenstoffbiologische Forschungsstation e. V., Essen
Algengroßkulturen im Sommer 1952
II. Über die unsterile Großkultur von Scenedesmus obliquus
1954, 62 Seiten, 3 Abb., 29 Tabellen, DM 11,40

HEFT 69
Wäschereiforschung Krefeld
Bestimmung des Faserabbaues bei Leinen unter besonderer Berücksichtigung der Leinengarnbleiche
1954, 48 Seiten, 15 Abb., 3 Tabellen, DM 9,60

HEFT 70
Wäschereiforschung Krefeld
Trocknen von Wäschestoffen
1954, 52 Seiten, 18 Abb., 3 Tabellen, DM 10,—

HEFT 71
Prof. Dr.-Ing. K. Leist, Aachen
Kleingasturbinen, insbesondere zum Fahrzeugantrieb
1954, 114 Seiten, 85 Abb., DM 22,—

HEFT 72
Prof. Dr.-Ing. K. Leist, Aachen
Beitrag zur Untersuchung von stehenden geraden Turbinengittern mit Hilfe von Druckverteilungsmessungen
1954, 152 Seiten, 111 Abb., DM 36,20

HEFT 73
Prof. Dr.-Ing. K. Leist, Aachen
Spannungsoptische Untersuchungen von Turbinenschaufelfüßen
1954, 66 Seiten, 46 Abb., 2 Tabellen, DM 14,60

HEFT 74
Max-Planck-Institut für Eisenforschung, Düsseldorf
Versuche zur Klärung des Umwandlungsverhaltens eines sonderkarbidbildenden Chromstahls
1954, 58 Seiten, 10 Abb., DM 14,—

HEFT 75
Max-Planck-Institut für Eisenforschung, Düsseldorf
Zeit-Temperatur-Umwandlungs-Schaubilder als Grundlage der Wärmebehandlung der Stähle
1954, 44 Seiten, 13 Abb., DM 8,70

HEFT 76
Max-Planck-Institut für Arbeitsphysiologie, Dortmund
Arbeitstechnische und arbeitsphysiologische Rationalisierung von Mauersteinen
1954, 52 Seiten, 12 Abb., 3 Tabellen, DM 10,20

HEFT 77
Meteor Apparatebau Paul Schmeck GmbH., Siegen
Entwicklung von Leuchtstoffröhren hoher Leistung
1954, 46 Seiten, 12 Abb., 2 Tabellen, DM 9,15

HEFT 78
Forschungsstelle für Acetylen, Dortmund
Über die Zustandsgleichung des gasförmigen Acetylens und das Gleichgewicht Acetylen — Aceton
1954, 42 Seiten, 3 Abb., 8 Tabellen, DM 8,—

HEFT 79
Techn.-Wissenschaftl. Büro für die Bastfaserindustrie, Bielefeld
Trocknung von Leinengarnen III
Spinnspulen- und Spinnkopstrocknung
Vorgang und Einwirkung auf die Garnqualität
1954, 74 Seiten, 18 Abb., 10 Tabellen, DM 14,—

WESTDEUTSCHER VERLAG · KÖLN UND OPLADEN

HEFT 80
Techn.-Wissenschaftl. Büro für die Bastfaserindustrie, Bielefeld
Die Verarbeitung von Leinengarn auf Webstühlen mit und ohne Oberbau
1954, 30 Seiten, 2 Abb., 2 Tabellen, DM 6,—

HEFT 81
Prüf- und Forschungsinstitut für Ziegeleierzeugnisse, Essen-Kray
Die Einführung des großformatigen Einheits-Gitterziegels im Lande Nordrhein-Westfalen
1954, 54 Seiten, 2 Abb., 2 Tabellen, DM 10,—

HEFT 82
Vereinigte Aluminium-Werke AG., Bonn
Forschungsarbeiten auf dem Gebiet der Veredelung von Aluminium-Oberflächen
1954, 46 Seiten, 34 Abb., DM 9,60

HEFT 83
Prof. Dr. S. Strugger, Münster
Über die Struktur der Proplastiden
1954, 30 Seiten, 15 Abb., DM 8,40

HEFT 84
Dr. H. Baron, Düsseldorf
Über Standardisierung von Wundtextilien
1954, 32 Seiten, DM 6,40

HEFT 85
Textilforschungsanstalt Krefeld
Physikalische Untersuchungen an Fasern, Fäden, Garnen und Geweben:
Untersuchungen am Knickscheuergerät nach Weltzien
1954, 40 Seiten, 11 Abb., 8 Tabellen, DM 10,—

HEFT 86
Prof. Dr.-Ing. H. Opitz, Aachen
Untersuchungen über das Fräsen von Baustahl sowie über den Einfluß des Gefüges auf die Zerspanbarkeit
1954, 108 Seiten, 73 Abb., 7 Tabellen, DM 22,—

HEFT 87
Gemeinschaftsausschuß Verzinken, Düsseldorf
Untersuchungen über Güte von Verzinkungen
1954, 68 Seiten, 56 Abb., 3 Tabellen, DM 15,30

HEFT 88
Gesellschaft für Kohlentechnik mbH., Dortmund-Eving
Oxydation von Steinkohle mit Salpetersäure
1954, 62 Seiten, 2 Abb., 1 Tabelle, DM 11,50

HEFT 89
Verein Deutscher Ingenieure, Gleitlagerforschung, Düsseldorf und Prof. Dr.-Ing. G. Vogelpohl, Göttingen
Versuche mit Preßstoff-Lagern für Walzwerke
1954, 70 Seiten, 34 Abb., DM 14,10

HEFT 90
Forschungs-Institut der Feuerfest-Industrie, Bonn
Das Verhalten von Silikasteinen im Siemens-Martin-Ofengewölbe
1954, 62 Seiten, 15 Abb., 11 Tabellen, DM 11,90

HEFT 91
Forschungs-Institut der Feuerfest-Industrie, Bonn
Untersuchungen des Zusammenhanges zwischen Leistung und Kohlenverbrauch von Kammeröfen zum Brennen von feuerfesten Materialien
1954, 42 Seiten, 6 Abb., DM 8,30

HEFT 92
Techn.-Wissenschaftl. Büro für die Bastfaserindustrie, Bielefeld
und Laboratorium für textile Meßtechnik, M.-Gladbach
Messungen von Vorgängen am Webstuhl
1954, 76 Seiten, 45 Abb., DM 15,50

HEFT 93
Prof. Dr. W. Kast, Krefeld
Spinnversuche zur Strukturerfassung künstlicher Zellulosefasern
1954, 82 Seiten, 39 Abb., 6 Tabellen, DM 16,—

HEFT 94
Prof. Dr. G. Winter, Bonn
Die Heilpflanzen des MATTHIOLUS (1611) gegen Infektionen der Harnwege und Verunreinigung der Wunden bzw. zur Förderung der Wundheilung im Lichte der Antibiotikaforschung
1954, 58 Seiten, 1 Abb., 2 Tabellen, DM 11,50

HEFT 95
Prof. Dr. G. Winter, Bonn
Untersuchungen über die flüchtigen Antibiotika aus der Kapuziner- (Tropaeolum maius) und Gartenkresse (Lepidium sativum) und ihr Verhalten im menschlichen Körper bei der Aufnahme von Kapuziner- bzw. Gartenkressensalat per os
1955, 74 Seiten, 9 Abb., 25 Tabellen, DM 14,—

HEFT 96
Dr.-Ing. P. Koch, Dortmund
Austritt von Exoelektronen aus Metalloberflächen unter Berücksichtigung der Verwendung des Effektes für die Materialprüfung
1954, 34 Seiten, 13 Abb., DM 7,—

HEFT 97
Ing. H. Stein, Laboratorium für textile Meßtechnik, M.-Gladbach
Untersuchung der Verzugsvorgänge an den Streckwerken verschiedener Spinnereimaschinen
2. Bericht: Ermittlung der Haft-Gleiteigenschaften von Faserbändern und Vorgarnen
1955, 98 Seiten, 54 Abb., DM 21,—

HEFT 98
Fachverband Gesenkschmieden, Hagen
Die Arbeitsgenauigkeit beim Gesenkschmieden unter Hämmern
1955, 132 Seiten, 55 Abb., 9 Tabellen, DM 24,75

HEFT 99
Prof. Dr.-Ing. G. Garbotz, Aachen
Der Kraft- und Arbeitsaufwand sowie die Leistungen beim Biegen von Bewehrungsstählen in Abhängigkeit von den Abmessungen, den Formen und der Güte der Stähle (Ermittlung von Leistungsrichtlinien)
1955, 136 Seiten, 53 Abb., 3 Anlagen, 18 Tabellen, DM 30,—

HEFT 100
Prof. Dr.-Ing. H. Opitz, Aachen
Untersuchungen von elektrischen Antrieben, Steuerungen und Regelungen an Werkzeugmaschinen
1955, 166 Seiten, 71 Abb., 3 Tabellen, DM 31,30

HEFT 101
Prof. Dr.-Ing. H. Opitz, Aachen
Wirtschaftlichkeitsbetrachtungen beim Außenrundschleifen
1955, 100 Seiten, 56 Abb., 3 Tabellen, DM 19,30

HEFT 102
Dr. P. Hölemann, Ing. R. Hasselmann und Ing. G. Dix, Dortmund
Untersuchungen über die thermische Zündung von explosiblen Acetylenzersetzungen in Kapillaren
1954, 44 Seiten, 5 Abb., 4 Tabellen, DM 8,60

HEFT 103
Prof. Dr. W. Weizel, Bonn
Durchführung von experimentellen Untersuchungen über den zeitlichen Ablauf von Funken in komprimierten Edelgasen sowie zu deren mathematischen Berechnung
1955, 46 Seiten, 12 Abb., DM 9,10

HEFT 104
Prof. Dr. W. Weizel, Bonn
Über den Einfluß der Elektroden auf die Eigenschaften von Cadmium-Sulfid-Widerstands-Photozellen
1955, 48 Seiten, 12 Abb., DM 9,45

HEFT 105
Dr.-Ing. R. Meldau, Harsewinkel/Westf.
Auswertung von Gekörn — Analysen des Musterstaubes „Flugasche Fortuna I"
1955, 42 Seiten, 14 Abb., DM 8,50

HEFT 106
ORR. Dr.-Ing. W. Küch, Dortmund
Untersuchungen über die Einwirkung von feuchtigkeitsgesättigter Luft auf die Festigkeit von Leimverbindungen
1954, 60 Seiten, 10 Abb., 6 Tabellen, DM 11,40

HEFT 107
Prof. Dr. H. Lange und Dipl.-Phys. P. St. Pütter, Köln
Über die Konstruktion von Laboratoriumsmagneten
1955, 66 Seiten, 19 Abb., 1 Tabelle, DM 12,30

HEFT 108
Prof. Dr. W. Fuchs, Aachen
Untersuchungen über neue Beizmethoden und Beizabwässer
I. Die Entzunderung von Drähten mit Natriumhydrid
II. Die Aufbereitung von Beizabwässern
1955, 82 S., 15 Abb., 14 Tabellen, 1 Falttafel, DM 15,25

HEFT 109
Dr. P. Hölemann und Ing. R. Hasselmann, Dortmund
Untersuchungen über die Löslichkeit von Azetylen in verschiedenen organischen Lösungsmitteln
1954, 42 Seiten, 10 Abb., 8 Tabellen, DM 8,30

HEFT 110
Dr. P. Hölemann und Ing. R. Hasselmann, Dortmund
Untersuchungen über den Druckverlauf bei der explosiblen Zersetzung von gasförmigem Azetylen
1955, 54 Seiten, 10 Abb., 5 Tabellen, DM 11,—

HEFT 111
Fachverband Steinzeugindustrie, Köln
Die Entwicklung eines Gerätes zur Beschickung seitlicher Feuer von Steinzeug-Einzelkammeröfen mit festen Brennstoffen
1955, 46 Seiten, 16 Abb., DM 9,40

HEFT 112
Prof. Dr.-Ing. H. Opitz, Aachen
Verschleißmessungen beim Drehen mit aktivierten Hartmetallwerkzeugen
1954, 44 Seiten, 17 Abb., 6 Tabellen, DM 8,80

HEFT 113
Prof. Dr. O. Graf, Dortmund
Erforschung der geistigen Ermüdung und nervösen Belastung: Studien über die vegetative 24-Stunden-Rhythmik in Ruhe und unter Belastung
1955, 40 Seiten, 12 Abb., DM 8,20

HEFT 114
Prof. Dr. O. Graf, Dortmund
Studien über Fließarbeitsprobleme an einer praxisnahen Experimentieranlage
1954, 34 Seiten, 6 Abb., DM 7,—

HEFT 115
Prof. Dr. O. Graf, Dortmund
Studium über Arbeitspausen in Betrieben bei freier und zeitgebundener Arbeit (Fließarbeit) und ihre Auswirkung auf die Leistungsfähigkeit
1955, 50 Seiten, 13 Abb., 2 Tabellen, DM 9,80

HEFT 116
Prof. Dr.-Ing. E. Siebel und Dr.-Ing. H. Weiss, Stuttgart
Untersuchungen an einigen Problemen des Tiefziehens — I. Teil
1955, 74 Seiten, 50 Abb., 5 Tabellen, DM 14,50

HEFT 117
Dr.-Ing. H. Beißwänger, Stuttgart, und Dr.-Ing. S. Schwandt, Trier
Untersuchungen an einigen Problemen des Tiefziehens — II. Teil
1955, 92 Seiten, 34 Abb., 8 Tabellen, DM 17,70

HEFT 118
Prof. Dr. E. A. Müller und Dr. H. G. Wenzel, Dortmund
Neuartige Klima-Anlage zur Erzeugung ungleicher Luft- und Strahlungstemperaturen in einem Versuchsraum
1955, 68 Seiten, 10 z. T. mehrfarb. Abb., DM 14,—

HEFT 119
Dr.-Ing. O. Viertel, Krefeld
Wäscherei- und energietechnische Untersuchung einer Gemeinschafts-Waschanlage
1955, 50 Seiten, 18 Abb., DM 10,20

HEFT 120
Dipl.-Ing. A. Weisbecker, Lüdenscheid
Über Anfressung an Reinstaluminium-Schweißnähten bei der elektrolytischen Oxydation
Gebr. Hörstermann GmbH., Velbert
Entwicklung und Erprobung eines neuartigen Gummibandförderers
1955, 46 Seiten, 18 Abb., DM 9,70

HEFT 121
Dr. H. Krebs, Bonn
I. Die Struktur und die Eigenschaften der Halbmetalle
II. Die Bestimmung der Atomverteilung in amorphen Substanzen
III. Die chemische Bindung in anorganischen Festkörpern und das Entstehen metallischer Eigenschaften
1955, 124 Seiten, 36 Abb., 13 Tabellen, DM 22,90

HEFT 122
Prof. Dr. W. Fuchs, Aachen
Untersuchungen zur Verbesserung der Wasseraufbereitung und Wasseranalyse:
Über die Schnellbewertung von Ionenaustauscher
1955, 62 Seiten, 32 Abb., DM 12,30

HEFT 123
Dipl.-Ing. J. Emondts, Aachen
Über Bodenverformungen bei stark gestörtem und mächtigem, wasserführendem Deckgebirge im Aachener Steinkohlengebiet
1955, 196 Seiten, 37 Abb., 10 Tabellen, DM 28,80

HEFT 124
Prof. Dr. R. Seyffert, Köln
Wege und Kosten der Distribution der Hausratwaren im Lande Nordrhein-Westfalen
1955, 74 Seiten, 25 Tabellen, DM 9,—

WESTDEUTSCHER VERLAG · KÖLN UND OPLADEN

HEFT 125
Prof. Dr. E. Kappler, Münster
Eine neue Methode zur Bestimmung von Kondensations-Koeffizienten von Wasser
1955, 46 Seiten, 11 Abb., 1 Tabelle, DM 9,10

HEFT 126
Prof. Dr.-Ing. J. Mathieu, Aachen
Arbeitszeitvergleich
Grundlagen, Methodik und praktische Durchführung
1955, 70 Seiten, DM 13,—

HEFT 127
Güteschutz Betonstein e. V., Arbeitskreis Nordrhein-Westfalen, Dortmund
Die Betonwaren-Gütesicherung im Lande Nordrhein-Westfalen
1955, 58 Seiten, 15 Abb., 3 Tabellen, DM 11,50

HEFT 128
Prof. Dr. O. Schmitz-DuMont, Bonn
Untersuchungen über Reaktionen in flüssigem Ammoniak
1955, 96 Seiten, 11 Abb., 6 Tabellen, DM 17,75

HEFT 129
Prof. Dr.-Ing. J. Mathieu und Dr. C. A. Roos, Aachen
Die Anlernung von Industriearbeitern
I. Ergebnisse einer grundsätzlichen Untersuchung der gegenwärtigen Industriearbeiter-Kurzanlernung
1955, 106 Seiten, DM 19,70

HEFT 130
Prof. Dr.-Ing. J. Mathieu und Dr. C. A. Roos, Aachen
Die Anlernung von Industriearbeitern
II. Beiträge zur Methodenfrage der Kurzanlernung
1955, 108 Seiten, DM 19,90

HEFT 131
Dr. W. Hoerburger, Köln
Versuche zur Biosynthese von Eiweiß aus Kohlenwasserstoff
1955, 34 Seiten, 2 Abb. DM 6,90

HEFT 132
Prof. Dr. W. Seith, Münster
Über Diffusionserscheinungen in festen Metallen
1955, 42 Seiten, 19 Abb., 4 Tabellen, DM 9,10

HEFT 133
Prof. Dr. E. Jenckel, Aachen
Über einen für Schwermetalle selektiven Ionenaustauscher
1955, 48 Seiten, 8 Abb., 13 Tabellen, DM 9,50

HEFT 134
Prof. Dr.-Ing. H. Winterhager, Aachen
Über die elektrochemischen Grundlagen der Schmelzfluß-Elektrolyse von Bleisulfid in geschmolzenen Mischungen mit Bleichlorid
1955, 54 Seiten, 20 Abb., 5 Tabellen, DM 11,80

HEFT 135
Prof. Dr.-Ing. K. Krekeler und Dr.-Ing. H. Peukert, Aachen
Die Änderung der mechanischen Eigenschaften thermoplastischer Kunststoffe durch Warmrecken
1955, 54 Seiten, 27 Abb., DM 11,10

HEFT 136
Dipl.-Phys. P. Pilz, Remscheid
Über spezielle Probleme der Zerkleinerungstechnik von Weichstoffen
1955, 58 Seiten, 19 Abb., 2 Tabellen, DM 11,50

HEFT 137
Prof. Dr. W. Baumeister, Münster
Beiträge zur Mineralstoffernährung der Pflanzen
1955, 64 Seiten, 6 Tabellen, DM 11,80

HEFT 138
Dr. P. Hölemann und Ing. R. Hasselmann, Dortmund
Untersuchungen über die Zersetzungswärme von gasförmigem und in Azeton gelöstem Azetylen
1955, 54 Seiten, 8 Abb., 7 Tabellen, DM 10,40

HEFT 139
Prof. Dr. W. Fuchs, Aachen
Studien über die thermische Zersetzung der Kohle und die Kohlendestillatprodukte
1955, 64 Seiten, 20 Abb., 22 Tabellen, DM 11,80

HEFT 140
Dr.-Ing. G. Hausberg, Essen
Modellversuche an Zyklonen
1955, 78 Seiten, 24 Abb., DM 15,70

HEFT 141
Dr. J. van Calker und Dr. R. Wienecke, Münster
Untersuchungen über den Einfluß dritter Analysenpartner auf die spektrochemische Analyse
1955, 42 Seiten, 15 Abb., DM 9,10

HEFT 142
Dipl.-Ing. G. M. F. Wiebel, Hannover, A. Konermann und A. Ottenheym, Sennelager
Entwicklung eines Kalksandleichtsteines
1955, 38 Seiten, 4 Abb., DM 8,—

HEFT 143
Prof. Dr. F. Wever, Dr. A. Rose und Dipl.-Ing. W. Straßburg, Düsseldorf
Härtbarkeit und Umwandlungsverhalten der Stähle
1955, 50 Seiten, 12 Abb., 3 Tabellen, DM 10,70

HEFT 144
Prof. Dr. H. Wurmbach, Bonn
Steuerung von Wachstum und Formbildung
1955, 48 Seiten, 19 Abb., DM 10,30

HEFT 145
Dr. G. Hennemann, Werdohl (Westf.)
Beitrag zur Interpretation der modernen Atomphysik
1955, 34 Seiten, DM 10,—

HEFT 146
Dr.-Ing. F. Gruß, Düsseldorf
Sterilisation mit Heißluft
1955, 34 Seiten, 10 Abb., DM 7,70

HEFT 147
Dr.-Ing. W. Rudisch, Unna
Untersuchung einer drehelastischen Elektromagnet-Synchronkupplung
1955, 82 Seiten, 65 Abb., DM 17,70

HEFT 148
Prof. Dr. H. Bittel u. Dipl.-Phys. L. Storm, Münster
Untersuchungen über Widerstandsrauschen
1955, 40 Seiten, 5 Abb., DM 8,40

HEFT 149
Dipl.-Ing. K. Konopicky und Dipl.-Chem. P. Kampa, Bonn
I. Beitrag zur flammenphotometrischen Bestimmung des Calciums.
Dr.-Ing. K. Konopicky, Bonn
II. Die Wanderung von Schlackenbestandteilen in feuerfesten Baustoffen
1955, 54 Seiten, 10 Abb., 5 Tabellen, DM 11,—

HEFT 150
Prof. Dr.-Ing. O. Kienzle und Dipl.-Ing. W. Timmerbeil, Hannover
Das Durchziehen enger Kragen an ebenen Fein- und Mittelblechen
1955, 52 Seiten, 20 Abb., 8 Tabellen, DM 11,30

HEFT 151
Dipl.-Ing. P. Karabasch, Aachen
Feststellung des optimalen Gasgehaltes von Bronzen zur Erzielung druckdichter Gußstücke
1956, 64 Seiten, 31 Abb., 5 Tabellen, DM 13,90

HEFT 152
Dipl.-Ing. G. Müller, Köln
Ermittlung der Laufeigenschaften (Vergießbarkeit) von Bronze und Rotguß mittels der Schneider-Gießspirale
1955, 60 Seiten, 33 Abb., DM 13,30

HEFT 153
Prof. Dr. F. Wever, Dr.-Ing. W. A. Fischer und Dipl.-Ing. J. Engelbrecht, Düsseldorf
I. Die Reduktion sauerstoffhaltiger Eisenschmelzen im Hochvakuum mit Wasserstoff und Kohlenstoff
II. Einfluß geringer Sauerstoffgehalte auf das Gefüge und Alterungsverhalten von Reineisen
1955, 54 Seiten, 15 Abb., 2 Tabellen, DM 12,40

HEFT 154
Prof. Dr.-Ing. P. Bardenheuer und Dr.-Ing. W. A. Fischer, Düsseldorf
Die Verschlackung von Titan aus Stahlschmelzen im sauren und basischen Hochfrequenzofen unter verschiedenen Schlacken
1955, 36 Seiten, 10 Abb., 1 Tabelle, DM 7,95

HEFT 155
Dipl.-Phys. K. H. Schirmer, München
Die auf Grau abgestimmte Farbwiedergabe im Dreifarbenbuchdruck
1955, 46 Seiten, 17 Abb., 2 Farbtafeln, DM 10,—

HEFT 156
Prof. Dr.-Ing. B. von Borries und Mitarbeiter, Düsseldorf
Die Entwicklung regelbarer permanentmagnetischer Elektronenlinsen hoher Brechkraft und eines mit ihnen ausgerüsteten Elektronenmikroskopes neuer Bauart
1956, 102 Seiten, 52 Abb., DM 22,55

HEFT 157
Dr. W. Jawtusch, Dr. G. Schuster und Prof. Dr.-Ing. R. Jaeckel, Bonn
Untersuchungen über die Stoßvorgänge zwischen neutralen Atomen und Molekülen
1955, 48 Seiten, 15 Abb., 3 Tabellen, DM 10,50

HEFT 158
Dipl.-Ing. W. Rosenkranz, Meinerzhagen
Ein Beitrag zum Problem der Spannungskorrosion bei Preßprofilen und Preßteilen aus Aluminium-Legierungen
1956, 112 Seiten, 61 Abb., 5 Tabellen, DM 27,40

HEFT 159
Dr.-Ing. O. Viertel und O. Oldenroth, Krefeld
Das Bleichen von Weißwäsche mit Wasserstoffsuperoxyd bzw. Natriumhypochlorit beim maschinellen Waschen
1955, 54 Seiten, 23 Abb., 2 Tabellen, DM 11,45

HEFT 160
Prof. Dr. W. Klemm, Münster
Über neue Sauerstoff- und Fluor-haltige Komplexe
1955, 50 Seiten, 13 Abb., 7 Tabellen, DM 10,80

HEFT 161
Prof. Dr. W. Weltzien und Dr. G. Hauschild, Krefeld
Über Silikone und ihre Anwendung in der Textilveredlung
1955, 162 Seiten, 22 Abb., 10 Tabellen, DM 27,—

HEFT 162
Prof. Dr. F. Wever, Prof. Dr. A. Kochendörfer und Dr.-Ing. Chr. Rohrbach, Düsseldorf
Kennzeichnung der Sprödbruchneigung von Stählen durch Messung der Fließspannung, Reißspannung und Brucheinschnürung an dreiachsig beanspruchten Proben
1955, 58 Seiten, 26 Abb., DM 13,—

HEFT 163
Dipl.-Ing. W. Rohs und Text.-Ing. H. Griese, Bielefeld
Untersuchungsarbeiten zur Verbesserung des Leinenwebstuhls III
1955, 80 Seiten, 15 Abb., 18 Tabellen, DM 15,80

HEFT 164
Dr.-Ing. H. Schmachtenberg, Köln
Neuartige Prüfeinrichtungen für Kraftfahrzeuge
1955, 44 Seiten, 23 Abb., DM 9,60

HEFT 165
Dr.-Ing. W. Wilhelm, Aachen
Instationäre Gasströmung im Auspuffsystem eines Zweitaktmotors
1955, 62 Seiten, 31 Abb., 8 Tabellen, DM 13,60

HEFT 166
Prof. Dr. M. v. Stackelberg, Dr. H. Heindze, Dr. H. Hübschus und Dr. K. H. Frangen, Bonn
Kolloidchemische Untersuchungen
1955, 106 Seiten, 8 Abb., 13 Tabellen, DM 21,25

HEFT 167
Prof. Dr.-Ing. F. Schuster, Essen
I. Über die Heißkarburierung von Brenngasen mit Ölen und Teeren
II. Die Strahlungsvorgänge in brennstoffbeheizten Öfen bei verschiedenen Verbrennungsatmosphären
1955, 38 Seiten, 8 Abb., DM 8,30

HEFT 168
Prof. Dr.-Ing. F. Schuster, Essen
I. Luftvorwärmung an Gasfeuerungen
II. Heizwerthöhe von Brenngasen und Wirkungsgrad sowie Gasverbrauch bei der Gasverwendung
III. Sauerstoffangereicherte Luft und feuerungstechnische Kenngrößen von Brenngasen
1955, 60 Seiten, 18 Abb., DM 12,50

HEFT 169
Forschungsinstitut für Pigmente und Lacke, Stuttgart
Arbeiten über die Bestimmung des Gebrauchswertes von Lackfilmen durch physikalische Prüfungen
1955, 70 Seiten, 23 Abb., 4 Tabellen, DM 15,—

HEFT 170
Prof. Dr. F. Wever, Dr. A. Rose und Dipl.-Ing L. Rademacher, Düsseldorf
Anwendung der Umwandlungsschaubilder auf Fragen der Werkstoffauswahl beim Schweißen und Flammhärten
1955, 64 Seiten, 25 Abb., DM 13,70

HEFT 171
Wäschereiforschung Krefeld
Untersuchung der Wäscheentwässerung mit Hilfe von Zentrifugen und Pressen
1955, 42 Seiten, 16 Abb., 4 Tabellen, DM 9,70

HEFT 172
Dipl.-Ing. W. Rohs, Dr.-Ing. G. Satlow und Text.-Ing. G. Heller, Bielefeld
Trocknung von Hanfgarnen. Kreuzspultrocknung
1955, 60 Seiten, 7 Abb., 4 Tabellen, DM 10,30

HEFT 173
Prof. Dr. R. Hosemann und Dipl.-Phys. G. Schoknecht, Berlin, vorgelegt von Prof. Dr. W. Kast, Krefeld
Lichtoptische Herstellung und Diskussion der Faltungsquadrate parakristalliner Gitter
1956, 108 Seiten, 63 Abb., 6 Tabellen, DM 24,70

HEFT 174
Prof. Dr. W. von Fragstein, Dr. J. Meingast und H. Hoch, Köln
Herstellung von Solen einheitlicher Teilchengröße und Ermittlung ihrer optischen Eigenschaften
1955, 78 Seiten, 80 Abb., 4 Tabellen, DM 18,25

HEFT 175
Dr.-Ing. H. Zeller, Aachen
Beitrag zur eindimensionalen stationären und nichtstationären Gasströmung mit Reibung und Wärmeleitung, insbesondere in Rohren mit unstetigen Querschnittsänderungen.
1956, 138 Seiten, 56 Abb., DM 29,30

HEFT 176
Dipl.-Ing. H. Schöberl, Duisburg
Über die Methoden zur Ermittlung der Verbrennungstemperatur von Brennstoffen und ein Vorschlag zu ihrer Verbesserung
1955, 30 Seiten, 3 Abb., DM 6,50

HEFT 177
Dipl.-Ing. H. Stüdemann, Solingen, und Dr.-Ing. W. Müchler, Essen
Entwicklung eines Verfahrens zur zahlenmäßigen Bestimmung der Schneideigenschaften von Messerklingen
1956, 104 Seiten, 68 Abb., 4 Tabellen, DM 22,20

HEFT 178
Prof. Dr. M. von Stackelberg u. Dr. W. Hans, Bonn
Untersuchungen zur Ausarbeitung und Verbesserung von polarographischen Analysenmethoden
1955, 46 Seiten, 14 Abb., DM 10,50

HEFT 179
Dipl.-Ing. H. F. Reineke, Bochum
Entwicklungsarbeiten auf dem Gebiete der Meß- und Regeltechnik
1955, 46 Seiten, 10 Abb., DM 10,—

HEFT 180
Dr.-Ing. W. Piepenburg, Dipl.-Ing. B. Bühling und Bauing. J. Behnke, Köln
Putzarbeiten im Hochbau und Versuche mit aktiviertem Mörtel und mechanischem Mörtelauftrag
1955, 116 Seiten, 31 Abb., 68 Tabellen, DM 23,—

HEFT 181
Prof. Dr. W. Franz, Münster
Theorie der elektrischen Leitvorgänge in Halbleitern und isolierenden Festkörpern bei hohen elektrischen Feldern
1955, 28 Seiten, 2 Abb., 1 Tabelle, DM 6,20

HEFT 182
Dr.-Ing. P. Schenk u. Dr. K. Osterloh, Düsseldorf
Katalytisch-thermische Spaltung von gasförmigen und flüssigen Kohlenwasserstoffen zur Spitzengaserzeugung
1955, 50 Seiten, 11 Abb., 11 Tabellen, DM 10,90

HEFT 183
Dr. W. Bornheim, Köln
Entwicklungsarbeiten an Flaschen- und Ampullen-Behandlungsmaschinen für die pharmazeutische Industrie
1956, 48 Seiten, 24 Abb., DM 11,70

HEFT 184
Dr.-Ing. E. Printz, Kettwig
Vollhydraulische Parallel-Kupplung für Ackerschlepper
1955, 32 Seiten, 4 Abb., DM 7,80

HEFT 185
Dipl.-Ing. W. Rohs und Text.-Ing. G. Heller, Bielefeld
Studien an einem neuzeitlichen Kreuzspultrockner für Bastfasergarne mit Wiederbefeuchtungszone
1955, 52 Seiten, 9 Abb., 3 Tabellen, DM 10,70

HEFT 186
Dr. E. Wedekind, Krefeld
Untersuchungen zur Arbeitsbestgestaltung bei der Fertigstellung von Oberhemden in gewerblichen Wäschereien
1955, 124 Seiten, 28 Abb., 6 Tabellen, 2 Falttaf., DM 12,—

HEFT 187
Dipl.-Ing. F. Göttgens, Essen
Über die Eigenarten der Bimetall-, Thermo- und Flammenionisationssicherungsmethode in ihrer Anwendung auf Zündsicherungen
1955, 40 Seiten, 6 Abb., 4 Tabellen, DM 8,40

HEFT 188
W. Kinnebrock, Langenberg (Rhld.)
Der Einfluß des Austausches gleicher Gaskochbrenner bzw. Gaskochbrennerteile auf den Wirkungsgrad und insbesondere auf den CO-Gehalt der Verbrennungsgase
1955, 42 Seiten, 7 Tabellen, DM 8,70

HEFT 189
Fa. E. Leybold's Nachfolger, Köln
I. Ausgewählte Kapitel aus der Vakuumtechnik
II. Zum Verlust anorganisch-nichtflüchtiger Substanzen während der Gefriertrocknung
1955, 52 Seiten, 16 Abb., 3 Tabellen, DM 11,20

HEFT 190
Prof. Dr. A. Neuhaus, Prof. Dr. O. Schmitz-DuMont und Dipl.-Chem. H. Reckhard, Bonn
Zur Kenntnis der Alkalititanate
1955, 60 Seiten, 13 Abb., 1 Tabelle, DM 12,20

HEFT 191
Dr. H. Söhngen, Darmstadt
Schwingungsverhalten eines Schaufelkranzes im Vakuum
1955, 36 Seiten, 7 Abb., DM 7,80

HEFT 192
Dipl.-Phys. E. M. Schneider, München
Kohlebogenlampen für Aufnahme und Kopie
1955, 48 Seiten, 21 Abb., 3 Tabellen, DM 10,60

HEFT 193
Prof. Dr. O. Schmitz-DuMont, Bonn
Untersuchungen über neue Pigmentfarbstoffe
1956, 50 Seiten, 16 Abb., 8 Tabellen, DM 11,20

HEFT 194
Dr. K. Hecht, Köln
Entwicklung neuartiger physikalischer Unterrichtsgeräte
1955, 42 Seiten, 16 Abb., DM 9,90

HEFT 195
Dr.-Ing. E. Rößger, Köln
Gedanken über einen neuen deutschen Luftverkehr
1955, 342 Seiten, 29 Abb., 122 Tabellen, DM 50,—

HEFT 196
Dipl.-Ing. W. Rohs und Text.-Ing. H. Griese, Bielefeld
Auswirkungen von Garnfehlern bei der Verarbeitung von Leinengarnen
1955, 36 Seiten, 3 Abb., 6 Tabellen, DM 7,80

HEFT 197
Dr. E. Wedekind, Krefeld
Untersuchungen zur Bestimmung der optimalen Arbeitsplatzgröße bei Mehrstuhlarbeit in der Weberei
1955, 92 Seiten, 34 Abb., 3 Tabellen, DM 18,50

HEFT 198
Prof. Dr. J. Weissinger, Karlsruhe
Zur Aerodynamik des Ringflügels. Die Druckverteilung dünner, fast drehsymmetrischer Flügel in Unterschallströmung
1955, 42 Seiten, 5 Abb., DM 9,—

HEFT 199
Textilforschungsanstalt Krefeld
Die Messung von Gewebetemperaturen mittels Temperaturstrahlung
1955, 50 Seiten, 12 Abb., DM 10,90

HEFT 200
R. Seipenbusch, Langenberg (Rhld.)
Spitzengas durch Zusatz von Flüssiggas-Wassergas- und Flüssiggas-Generatorgas-Gemischen zu Stadtgas
1955, 48 Seiten, 21 Tabellen, DM 10,35

HEFT 201
Dr.-Ing. E. W. Pleines, Frankfurt/Main
Die Sicherheit im Luftverkehr
1956, 194 Seiten, 39 Abb., 19 Tabellen, DM 39,50

HEFT 202
Dipl.-Ing. D. Fiecke, Stuttgart/Zuffenhausen
Die Bestimmung der Flugzeugpolaren für Entwurfszwecke. I Teil: Unterlagen
1956, 216 Seiten, 171 Diagr., DM 59,70

HEFT 203
Dr. G. Wandel, Bonn
Uferbewachsung und Lebendverbauung an den Nordwestdeutschen Kanälen und ihren Zuflüssen sowie an der Ruhr
1956, 122 Seiten, 88 Abb., DM 25,70

HEFT 204
Dipl.-Ing. B. Naendorf, Langenberg (Rhld.)
Bestimmung der Brenneigenschaften und des Brennverhaltens verschiedener Gasarten und Einfluß verschiedener Düsengestaltung
1955, 32 Seiten, DM 7,10

HEFT 205
Dr. C. Schaarwächter, Düsseldorf
Über plastische Kupfer-Eisen-Phosphor-Legierungen
1936, 36 Seiten, 10 Abb., 10 Tabellen, DM 8,30

HEFT 206
Dr. P. Hölemann, Ing. R. Hasselmann und Ing. G. Dix, Dortmund
Untersuchungen über die Vorgänge bei der Zersetzung von in Azeton gelöstem Azetylen
1956, 74 Seiten, 7 Abb., 7 Tabellen, DM 15,55

HEFT 207
Prof. Dr.-Ing. H. Opitz, Dipl.-Ing. K. H. Fröhlich und Dipl.-Ing. H. Siebel, Aachen
Richtwerte für das Fräsen von unlegierten und legierten Baustählen mit Hartmetall. I. Teil
1956, 48 Seiten, 27 Abb., 3 Tabellen, DM 11,10

HEFT 208
Prof. Dr.-Ing. H. Müller, Essen
Untersuchung von Elektrowärmegeräten für Laienbedienung hinsichtlich Sicherheit und Gebrauchsfähigkeit. I. Untersuchungen an Kochplatten
1956, 100 Seiten, 76 Abb., 7 Tabellen, DM 22,70

HEFT 209
Dr. K. Bunge, Leverkusen
Materialabbau in Funkenentladungen. Untersuchungen an Zinkkathoden
1956, 54 Seiten, 10 Abb., 5 Tabellen, DM 11,40

HEFT 210
Dr. W. Porschen und Prof. Dr. W. Riezler, Bonn
Langlebige Alphaaktivitäten bei natürlichen Elementen
1955, 40 Seiten, 5 Abb., 4 Tabellen, DM 8,80

HEFT 211
Prof. Dipl.-Ing. W. Sturtzel und Dipl.-Ing. W. Graff, Duisburg
Die Versuchsanstalt für Binnenschiffbau, Duisburg
1956, 48 Seiten, 22 Abb., 11,—

HEFT 212
Dipl.-Ing. H. Spodig, Selm
Untersuchung zur Anwendung der Dauermagnete in der Technik
1955, 44 Seiten, 25 Abb., DM 9,80

HEFT 213
Dipl.-Ing. K. F. Rittinghaus, Aachen
Zusammenstellung eines Meßwagens für Bau- und Raumakustik
1957, 96 Seiten 17 Abb., 7 Tabellen DM 19,80

HEFT 214
Dr.-Ing. J. Endres, München
Berechnung der optimalen Leistungen, Kraftstoffverbräuche und Wirkungsgrade von Einkreis-Turbolader-Strahltriebwerken am Boden und in der Höhe bei Fluggeschwindigkeiten von 0—2000 km/h
1956, 72 Seiten, 18 Abb., 8 Tabellen, DM 15,40

HEFT 215
Prof. Dr.-Ing. H. Opitz und Dipl.-Ing. G. Weber, Aachen
Einfluß der Wärmebehandlung von Baustählen auf Spanentstehung, Schnittkraft- und Standzeitverhalten
1956, 80 Seiten, 30 Abb., 10 Tabellen, DM 18,40

HEFT 216
Dr. E. Kloth, Köln
Untersuchungen über die Ausbreitung kurzer Schallimpulse bei der Materialprüfung mit Ultraschall
1956, 90 Seiten, 60 Abb., 4 Tabellen, DM 19,40

HEFT 217
Rationalisierungskuratorium der Deutschen Wirtschaft (RKW), Frankfurt/Main
Typenvielzahl bei Haushaltgeräten und Möglichkeiten einer Beschränkung
1956, 328 Seiten, 2 Abb., 181 Tabellen, DM 49,50

HEFT 218
Dr. F. Keune, Aachen
Bericht über eine Theorie der Strömung um Rotationskörper ohne Anstellung bei Machzahl Eins
1955, 40 Seiten, 8 Abb., 5 Formelblätter, DM 8,80

WESTDEUTSCHER VERLAG · KÖLN UND OPLADEN

HEFT 219
Prof. Dr. W. Fuchs, Aachen
Untersuchungen zur Holzabfallverwertung und zur Chemie des Lignins
1955, 54 Seiten, 11 Abb., 15 Tabellen DM 11,40

HEFT 220
Prof. Dr. W. Fuchs, Aachen
Die Entwicklung neuer Regel- und Kontroll-Apparate zur coulometrischen Analyse
1956, 76 Seiten, 17 Abb. 23 Tabellen, DM 15,50

HEFT 221
Dr. W. Meyer-Eppler, Bonn
Experimentelle Untersuchungen zum Mechanismus von Stimme und Gehör in der lautsprachlichen Kommunikation
1955, 56 Seiten, 24 Abb., DM 13,45

HEFT 222
Dr. L. Köllner, Münster, und Dipl.-Volkswirt M. Kaiser, Bochum
Die internationale Wettbewerbsfähigkeit der westdeutschen Wollindustrie
1956, 214 Seiten, DM 39,50

HEFT 223
Dr.-Ing. K. Alberti und Dr. F. Schwarz, Köln
Über das Problem Hartbrand-Weichbrand
1956, 54 Seiten, 25 Abb., 14 Tabellen, DM 12,10

HEFT 224
Dipl.-Ing. H. Stüdemann und Ing. R. Beu, Solingen
Verfahren zur Prüfung der Korrosionsbeständigkeit von Messerklingen aus rostfreiem Stahl
1956, 82 Seiten, 28 Abb., DM 16,90

HEFT 225
Dr.-Ing. E. Barz, Remscheid
Der Spannungszustand von Gattersägeblättern
1956, 74 Seiten, 54 Abb., DM 16,50

HEFT 226
Technisch-wissenschaftliches Büro für die Bastfaserindustrie, Bielefeld
Untersuchungen zur Verbesserung des Leinenwebstuhles IV
Die Wirkung verschiedener Kettbaumbremsen auf die Verwebung von Leinengarnen
1956, 64 Seiten, 9 Abb., 4 Tabellen, DM 13,50

HEFT 227
Prof. Dr. F. Wever, Düsseldorf und Dr. W. Wepner, Köln
Untersuchung der Alterungsneigung von weichen unlegierten Stählen durch Härteprüfung bei Temperaturen bis 300 Grad C
1956, 34 Seiten, 20 Abb., 3 Tabellen, DM 7,95

HEFT 228
Prof. Dr. F. Wever, Dr. W. Koch, Düsseldorf, und Dr. B. A. Steinkopf, Dortmund
Spektrochemische Grundlagen der Analyse von Gemischen aus Kohlenmonoxyd, Wasserstoff und Stickstoff
1956, 42 Seiten, 18 Abb., 1 Tabelle, DM 9,90

HEFT 229
Prof. Dr. F. Wever, Dr. W. Koch und Dr.-Ing. H. Malissa, Düsseldorf
Über die Anwendung disubstituierter Dithiocarbamate der analytischen Chemie
1956, 44 Seiten, 30 Abb., 5 Tabellen, DM 10,50

HEFT 230
Prof. Dr. F. Wever, Düsseldorf, und Dr. W. Wepner, Köln
Bestimmung kleiner Kohlenstoffgehalte im Alpha-Eisen durch Dämpfungsmessung
1956, 34 Seiten, 5 Abb., 2 Tabellen, DM 7,70

HEFT 231
Dr.-Ing. W. Küch, Dortmund
Über die Wechselwirkung zwischen Holzschutzbehandlung und Verleimung
1956, 48 Seiten, 10 Abb., 8 Tabellen, DM 10,40

HEFT 232
Prof. Dr.-Ing. O. Kienzle, Hannover, und Dr.-Ing. H. Münnich, Schweinfurt
Feststellung der Spannungen und Dehnungen und Bruchdrehzahlen der unter Fliehkraft und Bearbeitungskraft beanspruchten Schleifkörper
in Vorbereitung

HEFT 233
Dr. H. Haase, Hamburg
Infrarot-Bibliographie *1956, 90 Seiten, DM 17,80*

HEFT 234
Dr.-Ing. K. G. Speith und Dr.-Ing. A. Bungeroth, Duisburg
Versuche zur Steigerung des Kokillen-Schluckvermögens beim Stranggießen von Stahl
1956, 26 Seiten, 5 Abb., DM 6,15

HEFT 235
Prof. Dr.-Ing. K. Leist und Dipl.-Ing. W. Dettmering, Aachen
Turbinenschaufeln aus Kunststoff für Kaltluftversuchsanlagen
1956, 46 Seiten, 43 Abb., 3 Tabellen, DM 12,30

HEFT 236
Dr.-Ing. O. Viertel und S. Lucas, Krefeld
Ergebnisse einer Hausfrauenbefragung über Wascheinrichtungen und Waschmethoden in städtischen Haushaltungen
1956, 34 Seiten, 4 Abb., DM 7,60

HEFT 237
Dr. P. Endler und Dr. H. Ludes, Köln
Bericht über eine Studienreise zur Orientierung der heutigen Behandlung der Lungentuberkulose in den Vereinigten Staaten von Nordamerika
1956, 32 Seiten, DM 7,10

HEFT 238
Institut für textile Meßtechnik, M.-Gladbach, e. V.
Untersuchungen der Verzugsvorgänge an den Streckwerken verschiedener Spinnereimaschinen. 3. Bericht: Theoretische Betrachtungen über den Einfluß schlagender Zylinder und Druckrollen
1956, 66 Seiten, 21 Abb., DM 14,10

HEFT 239
Prof. Dr.-Ing. K. Leist, Dipl.-Ing. H. Scheele, Aachen, und Dipl.-Ing. F. H. Flottmann, Herne
Versuche an einem neuartigen luftgekühlten Hochleistungs-Kolbenkompressor
1956, 72 Seiten, 19 Abb., 7 Tabellen, DM 14,40

HEFT 240
Prof. Dr.-Ing. K. Leist und Dipl.-Ing. H. Scheele, Aachen
Temperaturmessungen an einem einstufigen luftgekühlten 4-Zylinder-Kolbenkompressor mit Kühlgebläse
1956, 74 Seiten, 36 Abb., DM 14,80

HEFT 241
Prof. Dr.-Ing. K. Leist und Dipl.-Ing. M. Pötke, Aachen
Leistungsversuche an einem Kühlluftgebläse
1956, 60 Seiten, 13 Abb., DM 11,70

HEFT 242
Prof. Dr.-Ing. K. Leist und Dipl.-Ing. K. Graf, Aachen
Straßenfahrzeuge mit Gasturbinenantrieb
1956, 82 Seiten, 63 Abb., DM 17,20

HEFT 243
Prof. Dr.-Ing. K. Leist und Dipl.-Ing. S. Förster, Aachen
Die französische Kleingasturbine Artouste — 1. Teil
1956, 80 Seiten, 41 Abb., DM 15,85

HEFT 244
Prof. Dr. F. Wever, Dr. W. Koch und Dr. S. Eckhard, Düsseldorf
Erfahrungen mit der spektrochemischen Analyse von Gefügebestandteilen des Stahles
1956, 32 Seiten, 8 Abb., 2 Tabellen, DM 7,80

HEFT 245
Prof. Dr.-Ing. habil. K. Krekeler, Aachen
Das Verbinden von Metallen durch Kunstharzkleber. Teil I: Eigenschaften und Verwendung der Metallklebstoffe
1956, 48 Seiten, 8 Abb., DM 10,25

HEFT 246
Prof. Dr.-Ing. habil. K. Krekeler, Aachen
Das Verbinden von Metallen durch Kunstharzkleber. Teil II: Untersuchungen an geklebten Leichtmetall-Verbindungen
1956, 80 Seiten, 40 Abb., DM 17,50

HEFT 247
Dr. H. Söhngen, Darmstadt
Strömung vor einem Überschall-Laufrad
1956, 26 Seiten, 4 Abb., DM 7,60

HEFT 248
Rheinische Aktiengesellschaft für Braunkohlenbergbau und Brikettfabrikation, Köln
Untersuchungen der Bindemitteleigenschaften von Braunkohlenfilteraschen
1956, 176 Seiten, 26 Abb., 30 Tabellen, DM 35,60

HEFT 249
Dr. M.-E. Meffert, Essen
Weitere Kulturversuche Scenedesmus obliquus
1956, 36 Seiten, 5 Abb., 10 Tabellen, DM 8,—

HEFT 250
Dr. F. Schwarz und Dr.-Ing. K. Alberti, Köln
Entwicklung von Untersuchungsverfahren zur Gütebeurteilung von Industriekalken
1956, 36 Seiten, 9 Abb., DM 16,50

HEFT 251
Prof. Dr. H. Bittel, Münster
Zur Statistik der ferromagnetischen Elementarvorgänge und ihren Einfluß auf das Barkhausenrauschen
1956, 52 Seiten, 14 Abb., DM 11,65

HEFT 252
Dipl.-Ing. H. Frings, Geilenkirchen
Die Wirkung abfallender Wetterführung auf Wettertemperatur, Grubengasgehalt und Staubbildung
1957, 126 Seiten, 23 Abb., 13 Falttafeln, 38 Tab., DM 35,70

HEFT 253
Dipl.-Ing. S. Schirmanski, Berghausen
Stand und Auswertung der Forschungsarbeiten über Temperatur- und Feuchtigkeitsgrenzen bei der bergmännischen Arbeit
1957, 80 Seiten, 24 Abb., 12 Tab., DM 17,10

HEFT 254
Prof. Dr. R. Danneel, Bonn
Quantitative Untersuchungen über die Entwicklung des Ehrlich-Ascitestumors bei Inzuchtmäusen
1956, 52 Seiten, 17 Tabellen, DM 11,75

HEFT 255
Ing. B. v. Schlippe, Bad Nauheim
Strömung von Flüssigkeiten mit temperaturabhängiger Zähigkeit (Kühlung von Öfen)
1956, 54 Seiten, 12 Abb., 4 Tabellen, DM 11,70

HEFT 256
Prof. Dr. C. Schmieden und Dipl.-Math. K. H. Müller, Darmstadt
Die Strömung einer Quellstrecke im Halbraum — eine strenge Lösung der Navier-Stokes-Gleichungen
1956, 40 Seiten, 9 Abb., DM 8,80

HEFT 257
Prof. Dr. G. Lehmann und Dr. J. Tamm, Dortmund
Die Beeinflussung vegetativer Funktionen des Menschen durch Geräusche
1956, 48 Seiten, 25 Abb., 3 Tabellen, DM 11,20

HEFT 258
Dr. H. Paul, Linz (Rhein), und Prof. Dr. O. Graf, Dortmund
Zur Frage der Unfälle im Bergbau
1956, 52 Seiten, 9 Abb., 22 Tabellen, DM 11,20

HEFT 259
Prof. D. W. Linke, Aachen
Strömungsvorgänge in künstlich belüfteten Räumen
1956, 52 Seiten, 37 Abb., 1 Tabelle, DM 11,80

HEFT 260
Prof. Dr. W. Kast, Freiburg (Br.), Prof. Dr. A. H. Stuart und Dipl.-Phys. H. G. Fendler, Hannover
Lichtzerstreuungsmessungen an Lösungen hochpolymerer Stoffe
1956, 70 Seiten, 25 Abb., 5 Tabellen, DM 15,60

HEFT 261
Prof. Dr. W. Kast, Freiburg (Br.)
Feinstruktur-Untersuchungen an künstlichen Zellulosefasern verschiedener Herstellungsverfahren. Teil II: Der Kristallisationszustand
1956, 80 Seiten, 27 Abb., 11 Tabellen, DM 17,20

HEFT 262
Dr.-Ing. W. Batel, Aachen
Untersuchungen zur Absiebung feuchter, feinkörniger Haufwerke und Schwingsieben
1956, 100 Seiten, 45 Abb., 5 Tabellen, DM 23,40

HEFT 263
Prof. Dr. H. Lange und Dipl.-Phys. R. Kohlhaas, Köln
Über die Wärmeleitfähigkeit von Stählen bei hohen Temperaturen: Teil I: Literaturbericht
1956, 48 Seiten, 26 Abb., 8 Tabellen, DM 10,70

HEFT 264
Prof. Dr. W. Weizel, Bonn
Durch schnelle Funkenzusammenbrüche ausgelöste Signale auf einer Leitung
1956, 26 Seiten, 4 Abb., 3 Tabellen, DM 6,10

HEFT 265
Prof. Dr. F. Micheel und Dr. R. Engel, Münster
Eine Apparatur zur elektrophoretischen Trennung von Stoffgemischen
1956, 38 Seiten, 21 Abb., DM 9,20

HEFT 266
Fliesen-Beratungsstelle Bad Godesberg-Mehlem
Güteeigenschaften keramischer Wand- und Bodenfliesen und deren Prüfmethoden
1956, 32 Seiten, DM 7,10

HEFT 267
Prof. Dr. W. Weizel und B. Brandt, Bonn
Zur Stabilität stromstarker Glimmentladungen
1956, 36 Seiten, 7 Abb., DM 8,40

WESTDEUTSCHER VERLAG · KÖLN UND OPLADEN

HEFT 268
Prof. Dr.-Ing. G. Vogelpohl, Göttingen
Über die Tragfähigkeit von Gleitlagern und ihre Berechnung
1956, 76 Seiten, 24 Abb., 7 Tabellen, DM 16,85

HEFT 269
Markscheider R. Bals, Bochum
Eignung des Gebirgsankerausbaus zur Erleichterung des Streckenvortriebs im Steinkohlenbergbau
1956, 84 Seiten, 41 Abb., DM 18,75

HEFT 270
Dr. H. Krebs und Mitarbeiter, Bonn
Die Trennung von Racematen auf chromatographischem Wege
1956, 62 Seiten, 18 Tabellen, DM 12,95

HEFT 271
Prof. Dr.-Ing. H. Opitz und Dipl.-Ing. H. Axer, Aachen
Beeinflussung des Verschleißverhaltens bei spanenden Werkzeugen durch flüssige und gasförmige Kühlmittel und elektrische Maßnahmen
1956, 46 Seiten, 28 Abb., DM 10,70

HEFT 272
Prof. Dr. W. Fuchs und Dr. H. Dresia, Aachen
Untersuchungen über die Schnellverbrennung und Schnellvergasung fester Brennstoffe
1956, 56 Seiten, 14 Abb., 3 Tabellen, DM 11,90

HEFT 273
Fa. K. W. Tacke G.m.b.H., Wuppertal-Barmen
Erfahrungen beim Verspinnen von Perlonfasern und bei der Herstellung von Trikotagen aus gesponnenem Perlon
1956, 36 Seiten, DM 7,90

HEFT 274
Prof. Dr.-Ing. K. Krekeler, Aachen
Qualitative Untersuchungen bei Verbindungsschweißungen mittels Lichtbogenschweißautomaten unter Verwendung von Blankdraht und Zugabe von ferromagnetischem Pulver als Umhüllung
1956, 68 Seiten, 40 Abb., 8 Tabellen, DM 15,45

HEFT 275
Prof. Dr.-Ing. habil. K. Krekeler, Aachen, und Dipl.-Ing. H. Verhoeven, Aachen
Quantitative Untersuchungen von Punktschweißverbindungen an Tiefzieh- und Aluminiumblechen, die nach dem Argonarc-Punktschweißverfahren hergestellt werden
1956, 64 Seiten, 45 Abb., DM 14,60

HEFT 276
Fa. E. Haage, Mülheim (Ruhr)
Entwicklungsarbeiten im Apparatebau für Laboratorien
1956, 48 Seiten, 18 Abb., DM 10,50

HEFT 277
Dr.-Ing. W. Müchler, Essen
Untersuchung und zahlenmäßige Bestimmung der Schneideigenschaften von Messern mit besonderer Berücksichtigung rostfreier Messerstähle
1956, 60 Seiten, 27 Abb., 5 Tabellen, DM 13,20

HEFT 278
Dipl.-Ing. J. Stelter und Dipl.-Ing. H. Kickert, Aachen
I. Sichtbarmachung von Ultraschallfeldern unter Verwendung photographischer Emulsionsschichten
II. Methode zur Bestimmung der wirklichen Temperaturverhältnisse in Flüssigkeiten während der Beschallung (Nach einer Diplom-Arbeit von H. Schnitzler)
1956, 54 Seiten, 24 Abb., DM 12,75

HEFT 279
Dr. F. Keune, Aachen
Der gewölbte und verwundene Tragflügel ohne Dicke in Schallnähe
1956, 42 Seiten, 15 Abb., DM 9,25

HEFT 280
Dipl.-Ing. J. Stelter und Dipl.-Ing. E. Pfende, Aachen
Über Störerscheinungen bei Schallgeschwindigkeitsmessungen mittels der Interferometermethode
1956, 42 Seiten, 13 Abb., DM 9,60

HEFT 281
Prof. Dr.-Ing. K. Lürenbaum, Aachen
Der Meßwagen des Instituts für Maschinen-Dynamik der Deutschen Versuchsanstalt für Luftfahrt, Aachen
1956, 34 Seiten, 17 Abb., DM 8,60

HEFT 282
Bergrat a. D. Scherer, Bochum
Das B. T.-Schwelverfahren und seine Anwendung auf der Anlage Marienau
1956, 44 Seiten, 7 Abb., DM 9,60

HEFT 283
Prof. Dr. F. Wever und Dr.-Ing. W. Lueg, Düsseldorf
Warmstauchversuche zur Ermittlung der Formänderungsfestigkeit von Gesenkschmiede-Stählen
1956, 44 Seiten, 19 Abb., DM 9,90

Heft 284
Prof. Dr. F. Wever, Düsseldorf, Dr.-Ing. H. J. Wiester, Essen, Dr.-Ing. F. W. Straßburg, Duisburg, Prof. Dr.-Ing. H. Opitz, Aachen, und Dr.-Ing. K. H. Fröhlich, Köln
Einfluß des Gefüges auf die Zerspanbarkeit von Einsatz- und Vergütungsstählen
1957, 88 Seiten, 126 Abb., 11 Tab., DM 22,45

HEFT 285
Prof. Dr.-Ing. O. Kienzle, Dr.-Ing. K. Lange, Hannover, und Dipl.-Ing. H. Meinert, Osterode
Einfluß der Oberfläche auf das Verschleißverhalten von Schmiedegesenken
1956, 62 Seiten, 29 Abb., 8 Tabellen, DM 14,60

HEFT 286
Dr.-Ing. K. Lange, Hannover; Dipl.-Ing. H. Meinert, Osterode, unter Mitarbeit von Dr.-Ing. H. Arend, Mülheim (Ruhr)
Verschleißverhalten hartverchromter Schmiedegesenke
1956, 74 Seiten, 53 Abb., 6 Tabellen, DM 17,65

HEFT 287
Prof. Dr.-Ing. habil. K. Krekeler, Aachen
Änderungen der mechanischen Eigenschaftswerte thermoplastischer Kunststoffe bei Beanspruchung in verschiedenen Medien
1956, 62 Seiten, 23 Abb., 5 Tabellen, DM 13,70

HEFT 288
Dr. K. Brücker-Steinkuhl, Düsseldorf
Anwendung mathematisch-statischer Verfahren in der Industrie
1956, 103 Seiten, 27 Abb., 14 Tabellen, DM 24,20

HEFT 289
Prof. Dr.-Ing. H. Winterhager, Aachen
Kombinierter Widerstands- und Lichtbogen-Vakuumofen zur Verarbeitung von Titanschwamm
Prof. Dr. h. c. R. Schwarz, Aachen
Erforschung neuer Wege zur Darstellung von Titanmetall
1957, 42 Seiten, 18 Abb., DM 9,70

HEFT 290
Dr. D. Horstmann, Düsseldorf
I. Der verstärkte Angriff des Zinks auf Eisen im Temperaturgebiet um 500° C
II. Einfluß eines Antimongehaltes auf den Angriff von Zinkschmelzen auf Eisen
1956, 48 Seiten, 33 Abb., 3 Tabellen, DM 11,90

HEFT 291
Dr.-Ing. H. J. Wiester und Dr. D. Horstmann, Düsseldorf
Der Angriff eisengesättigter Zinkschmelzen auf silizium- und manganhaltiges Eisen
1956, 52 Seiten, 45 Abb., 8 Tabellen, DM 12,60

HEFT 292
Dipl.-Ing. W. Robs und Text.-Ing. H. Griese, Bielefeld
Webversuche an Leinenwebstühlen mit verbesserter Schaftbewegung
1956, 34 Seiten, 3 Abb., 2 Tabellen, DM 7,60

HEFT 293
Prof. Dr. J. W. Korte, unter Mitarbeit von Dipl.-Ing. P. A. Mäcke und Dipl.-Ing. W. Leutzbach, Aachen
Die Leistungsfähigkeit von Verkehrsanlagen des motorisierten städtischen Straßenverkehrs
1956, 98 Seiten, 35 Abb., 5 Tabellen, 1 Falttafel, DM 22,50

HEFT 294
Dipl.-Ing. B. Naendorf, Essen
Untersuchungen industrieller Gasbrenner
1956, 58 Seiten, 6 Abb., 3 Tabellen, DM 12,40

HEFT 295
Prof. Dr.-Ing. H. Opitz und Dipl.-Ing. H. Axer, Aachen
Untersuchung und Weiterentwicklung neuartiger elektrischer Bearbeitungsverfahren
1956, 42 Seiten, 27 Abb., DM 10,30

HEFT 296
Prof. Dr.-Ing. H. Opitz, Aachen
I. Untersuchungen an elektronischen Regelantrieben
II. Statische Untersuchungen zur Ausnutzung von Drehbänken
1956, 46 Seiten, 18 Abb., DM 10,40

HEFT 297
Dr. K. Schaarwächter, Düsseldorf
Die Reduktion von Siliziumtetrachlorid im Lichtbogen zur nachfolgenden Silizierung von Eisenblechen
1958, 30 Seiten, 12 Abb., DM 8,20

HEFT 298
Prof. Dr.-Ing. E. Oehler, Aachen
Untersuchung von kritischen Drehzahlen, die durch Kreiselmomente verursacht werden
1956, 50 Seiten, 35 Abb., DM 13,15

HEFT 299
Dr. J. Fassbender und W. Hoppe, Bonn
Eine photoelektrische Nachlaufeinrichtung für Analogie-Rechenmaschinen
1956, 20 Seiten, 8 Abb., DM 7,65

HEFT 300
Prof. Dr. E. Schütz und Privatdozent Dr. H. Caspers, Münster
Tierexperimentelle Untersuchungen über die Alkoholwirkungen auf Erregbarkeit und bioelektrische Spontanaktivität der Hirnrinde
1956, 44 Seiten, 6 Abb., 1 Tabelle, DM 9,55

HEFT 301
Prof. Dr. W. Weltzien, Dr. G. Cossmann und P. Diehl, Krefeld
Über die fraktionierte Füllung von Polyamiden (II)
1956, 54 Seiten, 1 Abb., 16 Tabellen, DM 11,30

HEFT 302
Prof. Dr.-Ing. W. Wegener und Dipl.-Ing. W. Zahn, Aachen
Untersuchungen von gesponnenen Garnen auf ihre Gleichmäßigkeit nach verschiedenen Meßmethoden
1957, 58 Seiten, 34 Abb., DM 15,20

HEFT 303
Prof. Dr. Ing. S. Kiesskalt, Aachen
Das Institut für der Forschungsgesellschaft Verfahrenstechnik e. V. an der Technischen Hochschule Aachen
1956, 76 Seiten, 20 Abb., 3 Tabellen, DM 16,40

HEFT 304
Prof. Dr.-Ing. K. Krekeler, Düsseldorf, und Dipl.-Ing. A. Kleine-Albers, Aachen
Beitrag zur thermoelastischen Warmformbarkeit von Hart-PVC
1957, 72 Seiten, 29 Abb., DM 17,70

HEFT 305
Prof. Dr.-Ing. K. Krekeler, Düsseldorf, Dr.-Ing. H. Peukert, Aachen, und Dipl.-Ing. W. Schmitz, Siegburg
Heißgas-Schweißung von Hart-Polyvinylchlorid mit Zusatzwerkstoff
1956, 44 Seiten, 27 Abb., 5 Tabellen, DM 12,50

HEFT 306
Prof. Dr. B. Rensch, Münster
Elektrophysiologische Untersuchungen zur Analysierung der Bildung von Assoziationen und Gedächtnisspuren in Gehirn und Rückenmark
Prof. Dr. A. Loeser, Münster
Akute und chronische Giftwirkungen sauerstoffhaltiger Lösungsmittel
1956, 36 Seiten, 9 Abb., DM 8,90

HEFT 307
Privatdozent Dr. J. Juilfs, Krefeld
Vergleichende Untersuchungen zur elastischen und bleibenden Dehnung von Fasern
1956, 36 Seiten, 11 Abb., DM 8,30

HEFT 308
Privatdozent Dr. J. Juilfs, Krefeld
Zur Messung der Fadenglätte
1956, 22 Seiten, 10 Abb., 2 Tabellen, DM 8,—

HEFT 309
Prof. Dr. K. Cruse und Mitarbeiter, Clausthal-Zellerfeld
Aufbau und Arbeitsweise eines universell verwendbaren Hochfrequenz-Titrationsgerätes
1957, 48 Seiten, 29 Abb., DM 11,90

HEFT 310
Dr. P. F. Müller, Bonn
Die Integrieranlage des Rheinisch-Westfälischen Instituts für Instrumentelle Mathematik in Bonn
1956, 62 Seiten, 6 Abb., 30 Satzskizzen, DM 14,45

HEFT 311
Prof. Dr. F. Wever und Dr. M. Hempel, Düsseldorf
Dauerschwingfestigkeit von Stählen bei erhöhten Temperaturen
Teil I: Erkenntnisse aus bisherigen Dauerschwingversuchen in der Wärme
1956, 48 Seiten, 19 Abb., 2 Tabellen, DM 10,90

HEFT 312
Prof. Dr. F. Wever und Dr. M. Hempel, Düsseldorf
Dauerschwingfestigkeit von Stählen bei erhöhten Temperaturen
Teil II: Zug-Druck-Dauerschwingversuche an zwei warmfesten Stählen bei Temperaturen von 500 bis 650°
1956, 48 Seiten, 20 Abb., 3 Tabellen, DM 13,—

WESTDEUTSCHER VERLAG · KÖLN UND OPLADEN

HEFT 313
*Prof. Dr. F. Wever, Dr. W. Koch und
Dipl.-Phys. H. Rohde, Düsseldorf*
Änderungen des Habitus und der Gitterkonstanten des Zementits in Chromstählen bei verschiedenen Wärmebehandlungen
1956, 88 Seiten, 29 Abb., 8 Tabellen, DM 20,90

HEFT 314
Prof. Dr. F. Wever, Dr.-Ing. A. Krisch, Düsseldorf, und Dr.-Ing. H.-J. Wiester, Essen
Veränderungen im Gefügeaufbau von Chrom-Nickel-Molybdän-Stählen bei langzeitiger Beanspruchung im Zeitstandversuch bei 500°
1956, 48 Seiten, 26 Abb., 5 Tabellen, DM 11,70

HEFT 315
Prof. Dr. F. Wever und Dr.-Ing. A. Krisch, Düsseldorf
Metallkundliche Untersuchungen an Zeitstandproben
1956, 38 Seiten, 12 Abb., DM 9,15

HEFT 316
Dr. F. Keune, Aachen
Zusammenfassende Darstellung und Erweiterung des Aequivalenzsatzes für schallnahe Strömung
1956, 80 Seiten, 22 Abb., DM 17,90

HEFT 317
Dr.-Ing. J. Stelter, Aachen
Mikrobiologische Ultraschallwirkungen
1957, 106 Seiten, 41 Abb., 12 Tab., DM 23,90

HEFT 318
Dipl.-Ing. H. Kickert, Aachen
Über die Ausbreitung von Ultraschall in Luft
1957, 78 Seiten, 51 Abb., 7 Tab., DM 19,20

HEFT 319
Prof. Dr. C. Kröger, Aachen
Gemengereaktionen und Glasschmelze
1957, 118 Seiten, 53 Abb., 16 Tab., DM 26,—

HEFT 320
Dr. H.-E. Caspary, Köln
Verwendung von Szintillationszählern an Stelle von Zählrohren zur zerstörungsfreien Materialprüfung
1956, 42 Seiten, 13 Abb., 2 Tabellen, DM 10,10

HEFT 321
*Prof. Dr. F. Wever, Düsseldorf, und
Dr. W. Wepner, Köln*
Gleichzeitige Bestimmung kleiner Kohlenstoff- und Stickstoffgehalte im a-Eisen durch Dämpfungsmessung
1956, 30 Seiten, 3 Abb., 4 Tabellen, DM 6,80

HEFT 322
*Prof. Dr.-Ing. F. Bollenrath und
Dipl.-Ing. W. Domke, Aachen*
Eigenspannungen in vergüteten, dickwandigen Stahlzylindern nach Oberflächenhärtung mit induktiver Erwärmung
1956, 30 Seiten, 9 Abb., 2 Tabellen, DM 6,90

HEFT 323
Prof. Dr. R. Seyffert, Köln
Wege und Kosten der Distribution der Textilien, Schuh- und Lederwaren
1956, 98 Seiten, 37 Tabellen, 1 Falttaf., DM 12,—

HEFT 324
*Prof. Dr.-Ing. H. Opitz, Dr.-Ing. E. Saljé und
Dipl.-Ing. K. E. Schwartz, Aachen*
Richtwerte für das Außenrund-Längs- und Einstechschleifen
1956, 62 Seiten, 44 Abb., 2 Tabellen, DM 13,85

HEFT 325
Prof. Dr. E. Schratz, Münster
Pharmakognostische Untersuchungen am Medizinal-Rhabarber
1957, 62 Seiten, 29 Abb., 3 Tabellen, DM 17,90

HEFT 326
Prof. Dr.-Ing. E. Essers und Mitarbeiter, Aachen
Deichselkräfte an Lastzügen
1957, 96 Seiten, 34 Abb., DM 22,10

HEFT 327
*Prof. Dr.-Ing. habil. K. Krekeler und
Dr.-Ing. H. Peukert, Aachen*
Beitrag zur thermoelastischen Formbarkeit von Polyäthylen
1956, 56 Seiten, 49 Abb., 9 Tabellen, DM 12,80

HEFT 328
Dr. H. Maeder, Belo Horizonte
Schweißen von Temperguß
1957, 92 Seiten, 59 Abb., 42 Tabellen, DM 25,50

HEFT 329
*Dipl.-Ing. A. Krüger, Karlsruhe, und Feuerwehr-Ing.
R. Radusch, Dortmund*
Wasserzerstäubung im Strahlrohr
1956, 86 Seiten, 21 Abb., 3 Tabellen, DM 18,65

HEFT 330
Dipl.-Physiker E. Pepping, Aachen
Die Durchflußzahl des Rechteckschlitzes in einer sehr großen Wand
1957, 54 Seiten, 21 Abb., DM 12,35

HEFT 331
Dipl.-Ing. G. Bretschneider, Ruit
Die Messung der wiederkehrenden Spannung mit Hilfe des Netzmodelles
1957, 46 Seiten, 21 Abb., 2 Tab., DM 11,20

HEFT 332
Prof. Dr.-Ing. R. Jaeckel und Dr. G. Reich, Bonn
Messung von Dampfdrucken im Gebiet unter 10^{-2} Torr
1956, 42 Seiten, 16 Abb., 2 Tabellen, DM 10,40

HEFT 333
*Prof. Dipl.-Ing. W. Sturtzel und
Dr.-Ing. W. Graff, Duisburg*
I. Der Flachwassereinfluß auf den Form- und Reibungswiderstand von Binnenschiffen
II. Der Flachwassereinfluß auf die Nachstrom- und Sogverhältnisse bei Binnenschiffen
1956, 44 Seiten, 14 Abb., DM 9,80

HEFT 334
Prof. Dr. W. Weizel und Dr. G. Meister, Bonn
Spektralanalyse durch Messung des Interferenz-Kontrastes
1956, 42 Seiten, DM 9,30

HEFT 335
Prof. Dr. W. Weizel und H. Hornberg, Bonn
Untersuchungen der anodischen Teile einer Glimmentladung
1957, 62 Seiten, 14 Farbabb., 21 Abb., 1 Tab., DM 32,80

HEFT 336
Dr. Tung-ping Yao, Aachen
Die Viskosität metallischer Schmelzen
1957, 64 Seiten, 28 Abb., 2 Tab., DM 14,40

HEFT 337
Dr. R. Hoeppener und Dr. W. Bierther, Bonn
Tektonik und Lagestätten im Rheinischen Schiefergebirge
1957, 66 Seiten, 14 Abb., DM 16,25

HEFT 338
*Prof. Dr.-Ing. W. Wegener, Aachen, und
Dipl.-Ing. J. Schneider, M.-Gladbach*
Die Bedeutung der Knotenart für die Herabminderung der Fadenbrüche
1957, 40 Seiten, 6 Abb., DM 9,80

HEFT 339
*Prof. Dr.-Ing. W. Wegener und
Dipl.-Ing. W. Zahn, Aachen*
Vergleich des normalen mit verschiedenen abgekürzten Baumwollspinnverfahren in bezug auf Gleichmäßigkeit und Sortierungsstreuung der Garne
1956, 56 Seiten, 17 Abb., 17 Tabellen, DM 12,70

HEFT 340
Dipl.-Ing. W. Rohs und Dipl.-Ing. R. Otto, Bielefeld
Das Naßspinnen von Bastfasergarnen mit Spinnbadzusätzen unter Ausnutzung einer zentralen Spinnwasserversorgungsanlage
1956, 56 Seiten, 2 Abb., 6 Tabellen, DM 11,60

HEFT 341
Prof. Dr.-Ing. H. Winterhager und Dipl.-Ing. L. Werner, Aachen
Präzisions-Meßverfahren zur Bestimmung des elektrischen Leitvermögens geschmolzener Salze
1956, 44 Seiten, 19 Abb., 1 Tabelle, DM 10,60

HEFT 342
Prof. Dr.-Ing. H. Winterhager und Dipl.-Ing. W. Barthel, Aachen
Die Gewinnung von Titanschlackenkonzentraten aus eisenreichen Ilmeniten
1956, 60 Seiten, 30 Abb., 6 Tab., DM 13,30

HEFT 343
*Prof. Dr.-Ing. W. Petersen, Aachen, und Dipl.-Ing.
S. Wawroschek, Aachen*
Die zweckmäßigsten Gütebestimmungsverfahren und Brikettierungsbedingungen bei der Erzeugung von Braunkohlen-Eisenerz-Briketts
1956, 64 Seiten, 28 Abb., DM 13,95

HEFT 344
Prof. Dr.-Ing. W. Fucks, Aachen
Zur Deutung einfachster mathematischer Sprachcharakteristiken
1956, 38 Seiten, 12 Abb., DM 7,80

HEFT 345
Dipl.-Ing. G. Cerbe und Dipl.-Ing. H. Monstadt, Essen
Konvektive Trocknung mit gasbeheizter Luft und Trocknung durch Gasstrahler
1957, 46 Seiten, 16 Abb., DM 10,40

HEFT 346
Dipl.-Ing. O. Arnold, Aachen
Erfahrungen mit Kernbohrungen zur Lagerstättenuntersuchung im Erzbergbau
1957, 36 Seiten, 2 Abb., 3 Falttaf. 6 Tab., DM 8,80

HEFT 347
S. Ruff, F. Kipp, H. Hansteen und G. Müller, Bonn
Untersuchungen zur Frage der Gehörschädigungen des fliegenden Personals der Propellerflugzeuge
1957, 50 Seiten, 27 Abb., 3 Tab., DM 11,10

HEFT 348
*Prof. Dr.-Ing. E. Piwowarsky
und Dr.-Ing. E. G. Nickel, Aachen*
Metallurgie eines hochwertigen Gußeisens mit kompakter bis kugelförmiger Graphitausbildung
1957, 54 Seiten, 27 Abb., 5 Tab., DM 13,30

HEFT 349
*Dr.-Ing. W. A. Fischer, Dr.-Ing. H. Treppschuh
und Dr.-Ing. K. H. Köthemann, Düsseldorf*
Tiegel aus Schmelzmagnesia für Vakuuminduktionsöfen
1957, 34 Seiten, 14 Abb., DM 8,40

HEFT 350
*Prof. Dr.-Ing. habil. K. Krekeler
und Dr.-Ing. H. Peukert, Aachen*
Das Spannungsverhalten der Kunststoffe bei der Verarbeitung
1958, 32 Seiten, 12 Abb., DM 20,—

HEFT 351
*Prof. Dr.-Ing. H. Opitz, Dipl.-Ing. H. Axer und
Dipl.-Ing. H. Rhode, Aachen*
Zerspanbarkeit hochwarmfester und nichtrostender Stähle. Teil I
1957, 96 Seiten, 73 Abb., 2 Tab., DM 21,80

HEFT 352
Dipl.-Ing. H. Fauser, Aachen
Fahrdynamik und Batterie-Arbeitsverbrauch von Akkumulatorenlokomotiven im Untertagebetrieb
1957, 152 Seiten, 78 Abb., DM 36,10

HEFT 353
Forschungsinstitut für Rationalisierung, Aachen
Schlagwortregister zur Rationalisierung
1957, 376 Seiten, DM 56,—

HEFT 354
Dipl.-Ing. D. Wagener, Aachen
Auswirkungen neuer Gaserzeugungs-Verfahren unter Berücksichtigung der Auswirkung auf den Kokereibetrieb
in Vorbereitung

HEFT 355
*Prof. Dr.-Ing. habil. K. Krekeler, Dr.-Ing. H. Peukert und
Dipl.-Ing. A. Kleine-Albers, Aachen*
Heißgas-Schweißungen von Weich-Polyvinylchlorid mit Zusatzwerkstoff
1957, 44 Seiten, 19 Abb., DM 11,—

HEFT 356
Dipl.-Phys. G. Gurke, Aachen
Aufbau einer Meßanlage für Untersuchungen elektrischer Gasentladung im Bereiche großer p. d.-Werte
1956, 38 Seiten, 13 Abb., DM 8,65

HEFT 357
Prof. Dr.-Ing. W. Fucks, Aachen
Mathematische Analyse der Formalstruktur von Musik
1958, 54 Seiten, 29 Abb., 16 Tabellen, DM 13,60

HEFT 358
*Prof. Dr. rer. nat. W. Weltzien, Dipl.-Chem. P. Ringel
und Text.-Ing. H. Kirchhoff, Krefeld*
Die Waschechtheit von Färbungen. Vergleichende Untersuchungen auf dem Gebiete der Echtheitsprüfung
1958, 62 Seiten, 12 farb. Abb., DM 58,—

HEFT 359
Dr.-Ing. F. J. Meister, Düsseldorf
Veränderung der Hörschärfe, Lautheitsempfindung und Sprachaufnahme während des Arbeitsprozesses bei Lärmarbeitern
1957, 84 Seiten, 11 Abb., 40 Audiogramme, 41 Tab., DM 19,90

HEFT 360
Dr.-Ing. E. Barz, Remscheid
Fertigungsverfahren und Spannungsverlauf bei Kreissägeblättern für Holz
1957, 72 Seiten, 40 Abb., DM 17,—

HEFT 361
Dipl.-Ing. H. F. Klein, Aachen
Die nichtstationären Strömungsvorgänge und der Wärmeübergang in einem Schwingfeuergerät
1957, 84 Seiten, 34 Abb., 4 Falttafeln, DM 25,90

HEFT 362
*Prof. Dr. med. G. Lehmann und Dipl.-Phys.
D. Dieckmann, Dortmund*
Die Wirkung mechanischer Schwingungen (0,5 bis 100 Hertz) auf den Menschen
1957, 100 Seiten, 53 Abb., 6 Tab., DM 22,50

WESTDEUTSCHER VERLAG · KÖLN UND OPLADEN

HEFT 363
Dr.-Ing. U. Domm, Frankenthal (Pfalz)
Über eine Hypothese, die den Mechanismus der Turbulenz-Entstehung betrifft
1956, 28 Seiten, 4 Abb., DM 6,45

HEFT 364
Prof. Dr. Th. Beste, Köln
Die Mehrkosten bei der Herstellung ungängiger Erzeugnisse im Vergleich zur Herstellung vereinheitlichter Erzeugnisse
1957, 352 Seiten, DM 50,—

HEFT 365
Sozialforschungsstelle an der Universität Münster, Dortmund
Standort und Wohnort
1957, Textband: 350 Seiten, 28 Karten, 73 Tab.
Anlageband: 15 Karten, 21 Tab., DM 99,—

HEFT 366
Versuchsanstalt für Binnenschiffbau e. V., Duisburg
Bei Flachwasserfahrten durch die Strömungsverteilung am Boden und an den Seiten stattfindende Beeinflussung des Reibungswiderstandes von Schiffen
1957, 96 Seiten, 39 Abb., 28 Tab., DM 20,40

HEFT 367
Dr. rer. nat. D. Horstmann, Düsseldorf
Der Angriff eisengesättigter Zinkschmelzen auf kohlenstoff-, schwefel- und phosphorhaltiges Eisen
1957, 52 Seiten, 22 Abb., 6 Tab., DM 12,85

HEFT 368
Prof. Dr. phil. H. Kaiser, Dortmund
Entwicklung betriebsmäßiger spektrochemischer Analysenverfahren für technische Gläser
1957, 40 Seiten, 11 Abb., DM 9,10

HEFT 369
Prof. Dr.-Ing. R. Jaeckel und Dipl.-Phys. F. J. Schittko, Bonn
Gasabgabe von Werkstoffen ins Vakuum
1957, 48 Seiten, 20 Abb., 6 Tab., DM 13,30

HEFT 370
Dr. phil. habil. F. Schwarz, Köln
Physikochemische Grundlagen der Bildsamkeit von Kalken unter Einbeziehung des Begriffes der aktiven Oberfläche
in Vorbereitung

HEFT 371
Dr. phil. W. Lejeune, Köln
Beitrag zur statistischen Verifikation der Minderheiten-Theorie
1958, 80 Seiten, 14 Abb., DM 17,90

HEFT 372
Prof. Dr. phil. M. von Stackelberg, Bonn
Untersuchungen zur Ausarbeitung und Verbesserung von polarographischen Analysenmethoden. 2. Bericht
1957, 44 Seiten, 9 Abb., 7 Tab., DM 10,10

HEFT 373
Dipl.-Ing. H. J. Koch, Essen
Druckgasfeuerung — ein Verfahren zum Betrieb von Gasfeuerstätten
1957, 38 Seiten, 8 Abb., 10 Tab., DM 8,50

HEFT 374
Dr. E. Paproth, Krefeld
Paläontologische Bearbeitung der in den devonischen Schichten des Siegerlandes enthaltenen Faunen
1957, 38 Seiten, 3 Tab., DM 8,30

HEFT 375
Technischer Überwachungsverein e. V., Essen
Wanddickenmessungen mittels radioaktiver Strahlen und Zählrohrgerät
1958, 38 Seiten, 15 Abb., DM 9,55

HEFT 376
Technischer Überwachungsverein e. V., Essen
Wasserumlaufprobleme an Hochdruckkesseln
1958, 140 Seiten, 56 Abb., 8 Tabellen DM 32,60

HEFT 377
Technischer Überwachungsverein e. V., Essen
Versuche an Wanderrostkesseln mit befeuchteter Verbrennungsluft
1958, 50 Seiten, 19 Abb., 3 Tabellen, DM 12,20

HEFT 378
Oberingenieur H. Stein, M.-Gladbach
Beobachtung und maßtechnische Erfassung der Vorgänge im Spinn- und Aufwindefeld von Ringspinn- und Ringzwirnmaschinen
1957, 104 Seiten, 88 Abb., 3 Tabellen, DM 26,90

HEFT 379
Laboratorium für textile Meßtechnik, M.-Gladbach
Schußfadenspannung beim Weben
1957, 76 Seiten, 17 Abb., 3 Tabellen, DM 18,60

HEFT 380
Dipl.-Phys. R. Trappenberg, Karlsruhe
Theoretische und experimentelle Untersuchungen zur Staubverteilung einer Rauchfahne
1957, 64 Seiten, 7 Abb., 18 Tabellen, DM 14,90

HEFT 381
Dr. J. Juilfs, Krefeld
Zur Dichtebestimmung von Fasern. Methoden und Beispiele der praktischen Anwendung
1957, 76 Seiten, 34 Abb., 18 Tabellen, DM 17,—

HEFT 382
Dr. phil. habil. P. Hölemann, Ing. R. Hasselmann und Ing. G. Dix, Dortmund
Die Messung von Flammen und Detonationsgeschwindigkeiten bei der explosiven Zersetzung von Acetylen in Rohren
1957, 36 Seiten, 7 Abb., 4 Tab., DM 8,10

HEFT 383
Dr. phil. habil. P. Hölemann und Ing. R. Hasselmann, Dortmund
Verlauf von Azetylenexplosionen in Rohren bei Gegenwart von porösen Massen
1957, 68 Seiten, 10 Abb., 15 Tabellen, DM 16,60

HEFT 384
Prof. Dr.-Ing. H. Opitz, Aachen
Schwingungsuntersuchungen an Werkzeugmaschinen
in Vorbereitung

HEFT 385
Prof. Dr.-Ing. H. Opitz, Aachen
Zerspanbarkeit hochwarmfester und nichtrostender Stähle. Teil II
1957, 86 Seiten, 54 Abb., 5 Tabellen, DM 19,30

HEFT 386
Prof. Dr.-Ing. H. Opitz, Aachen
Standzeituntersuchungen und Verschleißmessungen mit radioaktiven Isotopen
1958, 50 Seiten, 33 Abb., 3 Tabellen, DM 12,75

HEFT 387
Prof. Dr. med. W. Kikuth und Dozent Dr. med. L. Grün, Düsseldorf
Die Verhütung von Infektion durch Desinfektion des Raumes und der Raumluft
1957, 96 Seiten, 14 Abb., 20 Tab., DM 22,50

HEFT 388
Prof. Dr. rer. nat. habil. W. Baumeister und Dr. rer. nat. H. Burghardt, Münster
Die Bedeutung der Elemente Zink und Fluor für das Pflanzenwachstum
1957, 48 Seiten, 17 Tab. DM 10,20

HEFT 389
Prof. Dr.-Ing. habil. H. Fink und K. W. Hoppenhaus, Köln
Die biologische Eiweiß-Synthese von höheren und niederen Pilzen und die alimentäre Lebernekrose der Ratte
1957, 76 Seiten, 2 Abb., 24 Tab., DM 15,60

HEFT 390
Dr.-Ing. J. Endres und Dr.-Ing. G. Hiebel, München
Berechnung der optimalen Leistungen, Kraftstoffverbräuche und Wirkungsgrade von Luftfahrt-Gasturbinen-Triebwerken am Boden und in der Höhe bei Fluggeschwindigkeiten von 0—2000 km/h und bei vorgegebenen Düsenausströmgeschwindigkeiten
1958, 130 Seiten, 16 Abb., DM 24,90

HEFT 391
Prof. Dr. phil. F. Wever, Dr. phil. W. Koch und Dipl.-Chem. F. Stricker, Düsseldorf
Die quantitative spektrographische Analyse von Gasgemischen aus Kohlenmonoxyd, Wasserstoff und Stickstoff
1957, 48 Seiten, 21 Abb., 3 Tab., DM 11,30

HEFT 392
Prof. Dr. phil. F. Wever u. a., Düsseldorf
Untersuchungen über den Konverterrauch im Hinblick auf die spektrale Überwachung des Thomasprozesses
1957, 48 Seiten, 14 Abb., 4 Tab., DM 12,10

HEFT 393
Dr.-Ing. O. Viertel und S. Brückner-Lucas, Krefeld
Arbeitszeitstudien an Haushaltwaschmaschinen
1957, 74 Seiten, 8 Abb., 13 Tab., DM 17,30

HEFT 394
Privatdozent Dr. med. W. Koch, Münster
Die Ablagerung radioaktiver Substanzen im Knochen
1958, 264 Seiten, 147 Abb., DM 51,00

HEFT 395
Dipl.-Ing. L. Hahn, Clausthal-Zellerfeld
Untersuchungen zur Frage des optimalen Bohrloch- und Patronendurchmessers
1957, 132 Seiten, 49 Abb., 19 Tab., DM 31,25

HEFT 396
Prof. Dr.-Ing. F. Schultz-Grunow, Dr.-Ing. A. Jogerich, Essen, Dipl.-Ing. H. Meyer, cand. ing. P. Sand, Aachen
Untersuchungen des Luftwiderstandes von Güterwagen
1957, 42 Seiten, 18 Abb., 5 Tab., DM 10,90

HEFT 397
Techn.-Wissenschaftliches Büro für die Bastfaserindustrie, Bielefeld
Ungleichmäßigkeiten in Bändern von Bastfaserkarden, ihre Ursachen und Auswirkungen
1957, 60 Seiten, 18 Abb., 1 Tab., DM 14,80

HEFT 398
Prof. Dr. habil. H. E. Schwiete, Aachen, u. a.
Einlagerungsversuche an synthetischem Mullit I. — Die Zusammensetzung der Schmelzphase in Schamottesteinen I
1957, 58 Seiten, 6 Abb., 9 Tab., DM 14,40

HEFT 399
Prof. Dr. habil. H. E. Schwiete und Dr.-Ing. R. Vinkeloe, Aachen
Möglichkeiten der quantitativen Mineralanalyse mit dem Zählrohrgerät unter besonderer Berücksichtigung der Mineralgehaltsbestimmung von Tonen
1958, 102 Seiten, 34 Abb., 1 Tabelle, DM 26,70

HEFT 400
Prof. Dr. phil. W. Fuchs und Dipl.-Chem. H. Weyerstrass, Aachen
Entwicklung eines Heißfilters zur Reinigung von Gichtgas eines mit Kohle betriebenen Niederschachtofens
1958, 88 Seiten, 30 Abb., DM 20,20

HEFT 401
Prof. Dr.-Ing. M. Lipp und Dipl.-Chem. G. Frielingsdorf, Aachen
Darstellung reaktionsfähiger Verbindungen des Camphansystems und Versuche zu deren Fluorierung
1957, 84 Seiten, DM 17,—

HEFT 402
Prof. Dr. W. Linke, Aachen
Die Wärmeübertragung durch Thermopane-Fenster
1958, 44 Seiten, 17 Abb., 2 Tabellen, DM 10,80

HEFT 403
Prof. Dr.-Ing. P. Denzel und Dipl.-Ing. W. Cremer, Aachen
Verbesserung der Benutzungsdauer der Höchstlast in ländlichen Netzen durch Anwendung elektrischer Geräte in der Landwirtschaft
1957, 46 Seiten, 23 Abb., DM 12,10

HEFT 404
Prof. Dr. R. Jaeckel und Dipl.-Phys. F. Gross, Bonn
Die Löslichkeit von Gasen in schwerflüchtigen organischen Flüssigkeiten
1957, 46 Seiten, 17 Abb., 1 Tab., DM 11,50

HEFT 405
Prof. Dr.-Ing. H. Opitz und Dipl.-Ing. H. Schuler, Aachen
Untersuchungen für einen Wirtschaftlichkeitsvergleich der Feinbearbeitungsverfahren
1958, 72 Seiten, 43 Abb., DM 17,90

HEFT 406
W. Kirsch, Remscheid
Entwicklungsarbeiten auf dem Gebiete des Korrosionsschutzes
1957, 86 Seiten, 28 Abb., 11 Tabellen, DM 19,—

HEFT 407
Prof. Dr.-Ing. H. Schenk, Aachen, und Dr.-Ing. W. Wenzel, Bad Godesberg
Entwicklungsarbeiten auf dem Gebiete der Verhüttung von Erzstaub in Schmelzkammern
1957, 82 Seiten, 9 Abb., 18 Tabellen, DM 17,10

HEFT 408
Prof. Dr. phil. F. Wever, Dr.-Ing. W. Lueg und Dr.-Ing. H. G. Müller, Düsseldorf
Kraft- und Arbeitsbedarf beim Warmscheren von Stahl in Abhängigkeit von Temperatur und Schnittgeschwindigkeit
1957, 46 Seiten, 15 Abb., 3 Tab., DM 11,35

WESTDEUTSCHER VERLAG · KÖLN UND OPLADEN

HEFT 409
Prof. Dr. phil. F. Wever, Dr. phil. W. Koch, Dr. rer. nat. Ch. Ilschner-Gensch und Dipl.-Phys. H. Rohde, Düsseldorf
Das Auftreten eines kubischen Nitrids in aluminiumlegierten Stählen
1957, 38 Seiten, 12 Abb., 3 Tabellen, DM 10,10

HEFT 410
Prof. Dr. phil. F. Wever, Prof. Dr. rer. techn. A. Kochendörfer, Dr. phil. nat. M. Hempel, Düsseldorf und Dipl.-Phys. E. Hillenhagen, Köln
Biegewechselversuche mit Flachproben aus Alpha-Eisen-Einkristallen zur Bestimmung der Wechselfestigkeit und der Gleitspuren
1957, 112 Seiten, 58 Abb., 3 Tabellen, DM 30,—

HEFT 411
Prof. Dr. W. Halbsguth und Dr. L. Sommer, Frankfurt/M.
Grundlegende Versuche zur Keimungsphysiologie von Pilzsporen
1957, 100 Seiten, 13 Abb., 32 Tabellen., DM 22,70

HEFT 412
Prof. Dr.-Ing. H. Opitz, Aachen
Kennwerte und Leistungsbedarf für Werkzeugmaschinengetriebe
1958, 72 Seiten, 35 Abb., DM 17,20

HEFT 413
Prof. Dr.-Ing. H. Opitz, Aachen
Richtwerte für das Fräsen von unlegierten und legierten Baustählen mit Hartmetall, Teil II
1957, 56 Seiten, 35 Abb., 4 Tabellen, DM 14,40

HEFT 414
Dr. med. H.-K. Parchwitz und Dr. med. C. Winkler, Bonn
Speicherung organischer Farbstoffe und künstlich radioaktiver Substanzen in Geschwülsten
1958, 46 Seiten, 14 Abb., DM 13,35

HEFT 415
Prof. Dr.-Ing. W. Paul, Dr. rer. nat. O. Osberghaus und Dipl.-Phys. E. Fischer, Bonn
Ein Ionenkäfig
1958, 56 Seiten, 18 Abb., DM 13,65

HEFT 416
Oberreg.-Gewerberat Dipl.-Ing. G. Steinicke, Hamburg
Die Wirkung von Lärm auf den Schlaf des Menschen
1957, 46 Seiten, 14 Abb., 8 Tab., DM 11,60

HEFT 417
Prof. Dr.-Ing. habil. E. Rößger, Berlin
I. Teil: Die Entwicklung des Weltluftverkehrs, Ergänzungsbericht 1954
II. Teil: Die zivile Luftfahrtpolitik der USA
1957, 230 Seiten, 6 Abb., 83 Tab., DM 48,—

HEFT 418
O. Gdaniec, Mülheim/Ruhr
Über die Randlochkarte als Hilfsmittel in der Dokumentation
1957, 44 Seiten, 15 Abb., 8 Tab., DM 10,10

HEFT 419
Dipl.-Ing. K. Brooks
Die Messungen der Reflexionseigenschaften künstlicher und natürlicher Materialien mit quasi-optischen Methoden bei Mikrowellen
1957, 78 Seiten, 52 Abb., DM 20,35

HEFT 420
Dipl.-Ing. M. Vogel, Oberpfaffenhofen
Das Spektralgebiet zwischen dem langwelligen Ultrarot und Mikrowellen
1957, 66 Seiten, 2 Abb., DM 13,50

HEFT 421
ORR Dipl.-Volkswirt Dr. H. Rogmann, Düsseldorf
Die Erforschung der Verkehrskonjunktur und der langzeitigen Dynamik in der Verkehrswirtschaft (Zusammenfassung der eingegangenen Stellungnahmen und Vorschläge)
1957, 168 Seiten, 3 Falttafeln, DM 26,60

HEFT 422
Prof. Dr.-Ing. K. Leist und Dipl.-Ing. W. Dettmering, Aachen
Prüfstände zur Messung der Druckverteilung an rotierenden Schaufeln
in Vorbereitung

HEFT 423
Prof. Dr.-Ing. K. Leist und Dr.-Ing. O. Thun, Aachen
Strömungsmessungen über Brennkammer-Wirkungsgrade
in Vorbereitung

HEFT 424
Prof. Dr.-Ing. K. Leist und Dipl.-Ing. I. Weber, Aachen
Spannungsoptische Untersuchungen von rotierenden Scheiben mit exzentrischen Bohrungen
1958, 74 Seiten, 80 Abb., 7 Tab., DM 22,65

HEFT 425
Dipl.-Ing. H. Lübke, Hamburg
Gasturbinen und Strahlantriebe für Hubschrauber
1958, 120 Seiten, 70 Abb., 9 Falttafeln, 1 Tab., DM 30,40

HEFT 426
Prof. Dr.-Ing. H. Opitz und Dipl.-Ing. W. Scholz, Aachen
Untersuchungen über den Räumvorgang
1957, 74 Seiten, 36 Abb., 7 Tab., DM 16,55

HEFT 427
Dr.-Ing. J. Endres, München
Kinematische Untersuchung eines Zweitakt-Hochleistungs-Dieseltriebwerks mit achsparallelen Zylindern und gegenläufigen Kolben
1958, 46 Seiten, 15 Abb., DM 11,55

HEFT 428
Dr.-Ing. J. Endres, München
Untersuchungen der Beschleunigungsverhältnisse eines Zweitakt-Hochleistungs-Dieseltriebwerks mit achsparallelen Zylindern und gegenläufigen Kolben
in Vorbereitung

HEFT 429
Prof. Dr. O. Kuhn, Köln
Selektive Wirkung verschiedener Stoffgruppen auf tierische Gewebe
1957, 54 Seiten, 32 Abb., DM 13,15

HEFT 430
Prof. Dr. G. Garbotz, Aachen und Dr.-Ing. G. Dress, Cadiz
Untersuchungen über das Kräftespiel an Flachbagger-Schneidwerkzeugen in Mittelsand und schwach bindigem, sandigem Schluff unter besonderer Berücksichtigung der Planierschilde und ebenen Schürfkübelschneiden
1958, 156 Seiten, 81 Abb., DM 37,50

HEFT 431
Prof. Dr.-Ing. H. Winterhager, Dr.-Ing. R. Kammel und Dipl.-Ing. W. Barthel, Aachen
Fortschritte auf dem Gebiet der Titanmetallurgie 1950—1955
1957, 160 Seiten, DM 34,50

HEFT 432
Dipl.-Phys. R. Werz, Bonn
Die Entwicklung einer Synchrozyklotron-Ionenquelle
1958, 122 Seiten, 90 Abb., 1 Tabelle, DM 30,30

HEFT 433
Dr.-Ing. G. Satlow, Aachen
Über einige physikalische und chemische Eigenschaften der Wolle von der gewaschenen Wolle bis zum Kammzug
1957, 72 Seiten, 15 Abb., 19 Tab., DM 15,25

HEFT 434
Dipl.-Ing. W. Rohs und Dr. J. Geurten, Bielefeld
Schlichten für Baumwollgarne
1957, 108 Seiten, 3 Abb., zahlreiche Tab., DM 23,70

HEFT 435
Dipl.-Ing. W. Rohs und Dipl.-Ing. L. Steinmetz, Bielefeld
Die Masseungleichmäßigkeit von Flachstreckenbändern in Abhängigkeit von Verzug und Dopplung
1957, 42 Seiten, 4 Abb., 2 Tabellen, DM 9,90

HEFT 436
Priv.-Doz. Dr. habil. J. Juilfs, Krefeld
Zur Bestimmung der Reißlast (Zugfestigkeit) von Fasern, Fäden und Garnen
in Vorbereitung

HEFT 437
Prof. Dr. G. Schmölders und Dr. I. Meyer, Köln
Geldwertbewußtsein und Münzpolitik. — Das sogenannte Gresham'sche Gesetz im Lichte der ökonomischen Verhaltensforschung
1957, 92 Seiten, DM 20,30

HEFT 438
Prof. Dr.-Ing. H. Winterhager und Dr.-Ing. L. Werner, Aachen
Bestimmung des elektrischen Leitvermögens geschmolzener Fluoride
1957, 52 Seiten, 18 Abb., 10 Tab., DM 11,90

HEFT 439
Prof. Dr. phil. H. Lange, Köln und Dr. rer. nat. R. Kohlhaas, Neuß/Rh.
Anwendung der thermomagnetischen Analyse zum Studium des Umwandlungsverhaltens von Eisenwerkstoffen im Temperaturbereich von $-150°C$ bis $+1500°C$
1958, 108 Seiten, 72 Abb., 2 Tabellen, DM 27,10

HEFT 440
Dr.-Ing. H. Wolf, Aachen
Gekoppelte Hochfrequenzleitungen als Richtkoppler
1958, 122 Seiten, 44 Abb., DM 31,60

HEFT 441
Dr. phil. habil. P. Hölemann und Ing. R. Hasselmann, Düsseldorf
Messung des Temperatur- und Druckverlaufes beim Füllen und Entspannen von Dissousgas
1957, 52 Seiten, 6 Abb., 7 Tab., DM 11,25

HEFT 442
Dipl.-Ing. W. Rohs, Text.-Ing. Griese und Text.-Ing. W. Lauer, Bielefeld
Die Auswirkungen der Trocknungsart naßgesponnener Leinengarne auf deren Verarbeitungswirkungsgrad sowie auf die Festigkeits- und Dehnungseigenschaften der Garne und Gewebe
1957, 28 Seiten, 2 Abb., 3 Tab., DM 6,50

HEFT 443
Prof. Dr. phil. W. Weizel und K. Kluth, Bonn
Über die Struktur der positiven Gleitentladungen
1957, 44 Seiten, 30 Abb., DM 12,20

HEFT 444
Dr.-Ing. W. Wilhelm, Aachen
Einfluß der Saugrohrabmessung, der Einlaßsteuerlage und der Größe des Kurbelkastenvolumens auf den Ladungswechsel eines Einzylinder-Zweitakt-Dieselmotors
1958, 104 Seiten, 22 Abb., DM 22,40

HEFT 445
Dr.-Ing. E. Barz, Remscheid
Fertigungs- und Prüfverfahren für Feilen
vergriffen

HEFT 446
Dr. med. G. Schäfer
Glutationsstoffwechsel und Sauerstoffmangel
1957, 28 Seiten, 5 Tab., DM 6,40

HEFT 447
Prof. Dr.-Ing. F. Bollenrath, Aachen, Dr.-Ing. H. Füllenbach, Seesen/Harz und Dipl.-Ing. J. Schumacher, Neubeckum/Westf.
Entwicklung rationell arbeitender Spritzkabinen
1958, 56 Seiten, 26 Abb., DM 13,55

HEFT 448
Dr. med. C. Winkler, Bonn
Ein Koinzidenz-Szintillometer zum Zwecke der Schilddrüsenfunktionsdiagnostik und der Tumordiagnostik
1957, 32 Seiten, 12 Abb., DM 8,35

HEFT 449
Priv.-Doz. Oberbaurat Dr.-Ing. W. Meyer zur Capellen und Mitarbeiter, Aachen
Bewegungsverhältnisse an der geschränkten Schubkurbel
in Vorbereitung

HEFT 450
Prof. Dr.-Ing. W. Paul, Bonn, und Dipl.-Phys. H. P. Reinhard, M.-Gladbach
Das elektrische Massenfilter als Isotopentrenner
1958, 56 Seiten, 20 Abb., DM 13,50

HEFT 451
Prof. Dr. G. Schmölders, Köln
Rationalisierung und Steuersystem
1957, 78 Seiten, DM 17,15

HEFT 452
Prof. Dr. rer. nat. W. Weltzien und Dr. phil. K. Windeck, Krefeld
Veränderungen an Fasern bei der Bleiche mit Natriumchlorid und über einige Vergilbungserscheinungen
1957, 64 Seiten, 3 Abb., 13 Tabellen, DM 14,85

HEFT 453
Forschungsinstitut der Feuerfest-Industrie, Bonn
Die Arbeiten der technisch-wissenschaftlichen Kommission der PRE (Vereinigung der europäischen Feuerfest-Industrie)
1957, 62 Seiten, 9 Abb., 18 Tabellen, DM 14,75

HEFT 454
Dr.-Ing. W. Piepenburg, Dipl.-Ing. B. Bübling und Bauing. J. Behnke, Köln
Haftfestigkeit der Putzmörtel
1958, 128 Seiten, 6 Abb., 63 Tabellen, DM 28,30

WESTDEUTSCHER VERLAG · KÖLN UND OPLADEN

HEFT 455
Dr.-Ing. W. A. Fischer, Dr.-Ing. H. Treppschuh und Dipl.-Phys. K. H. Köthemann, Düsseldorf
Erschmelzung von Reinsteisen nach dem Kohlenstoffproduktionsverfahren und Kerbschlagzähigkeit-Temperatur-Kurven dieses Eisens
1957, 38 Seiten, 7 Abb., 6 Tabellen, DM 9,35

HEFT 456
Priv.-Doz. Dir. Dr.-Ing. K. Bungardt, Essen
Zeitstandversuche an austenitischen Stählen und Legierungen
in Vorbereitung

HEFT 457
Prof. Dr. phil. F. Wever, Düsseldorf und Dr. phil. W. Wepner, Köln
Dämpfungsmessungen an schwach gereckten Eisen-Kohlenstoff-Legierungen
1957, 34 Seiten, 7 Abb., 3 Tab., DM 8,40

HEFT 458
Prof. Dr.-Ing. H. Schenck und Dr.-Ing. E. Schmidtmann, Aachen
Das Frischen von Thomas-Roheisen mit Sauerstoff-Wasserdampf-Gemischen und die Eigenschaften der damit erblasenen Stähle
1957, 62 Seiten, 56 Abb., DM 16,35

HEFT 459
Prof. Dr. phil. F. Wever, Dr. phil. O. Krisement und Hanna Schädler, Düsseldorf
Ein isothermes Mikrokalorimeter zur kinetischen Messung von Umwandlungs- und Ausscheidungsvorgängen in Legierungen
1957, 44 Seiten, 14 Abb., DM 10,75

HEFT 460
Prof. Dr. phil. F. Wever und Dr. rer. nat. B. Ilschner, Düsseldorf
Ein isothermes Lösungskalorimeter zur Bestimmung thermo-dynamischer Zustandsgrößen von Legierungen
1957, 44 Seiten, 7 Abb., 4 Tabellen, DM 10,40

HEFT 461
Prof. Dr.-Ing. habil. E. Piwowarski †, Prof. Dr.-Ing. W. Patterson und Dipl.-Ing. F. W. Iske, Aachen
Verbesserung der Zähigkeitseigenschaften von Bessemer-Stahlguß
1958, 54 Seiten, 15 Abb., 16 Tabellen, DM 12,75

HEFT 462
Prof. Dr. rer. nat. J. Weissinger
Zur Aerodynamik des Ringflügels — II. Die Ruderwirkung
Zur Aerodynamik des Ringflügels — III. Der Einfluß der Profildicken
1957, 82 Seiten, 7 Abb., 6 Tabellen, DM 18,20

HEFT 463
Dipl.-Ing. G. Plüss, Essen-Steele
Die Aufteilung der verbrennlichen Bestandteile in Verbrennungsgasen auf CO und H_2 bei Verbrennung mit Luftunterschuß und bei Luftüberschuß und künstlicher Flammenkühlung
1957, 34 Seiten, 7 Abb., 2 Tabellen, DM 8,40

HEFT 464
Dr. phil. habil. P. Hölemann und Ing. R. Hasselmann, Dortmund
Die Möglichkeit der Zündung von Acetylen in Rohrleitungen beim Ausblasen mit Stickstoff
1957, 38 Seiten, 6 Abb., 6 Tabellen, DM 9,20

HEFT 465
Dr.-Ing. R. Koch, Köln
Amerikanische Fertigungsunterlagen und ihre Werkstattreifmachung für deutsche Betriebe
in Vorbereitung

HEFT 466
Prof. Dr.-Ing. J. Mathieu, Aachen
Überbetrieblicher Verfahrensvergleich
1958, 68 Seiten, 16 Abb., DM 16,65

HEFT 467
Prof. Dr. Dr. h. c. E. Klenk und Dr. phil. H. Faillard, Köln
Neue Erkenntnisse über den Mechanismus der Zellinfektion durch Influenzavirus
Die Bedeutung der Neuraminsäure als Zellreceptor für das Influenzavirus
1957, 52 Seiten, 5 Abb., DM 14,40

HEFT 468
Prof. Dr. med. Dr. med. dent. G. Korkhaus und Dr. med. R. Alfter, Bonn
Die Vakuumwurzelbehandlung
1958, 52 Seiten, 51 Abb., DM 16,55

HEFT 469
Dr. sc. agr. F. Riemann und Dipl.-Volksw. R. Hengstenberg, Göttingen
Zur Industrialisierung kleinbäuerlicher Räume
1957, 138 Seiten, 4 Karten, 23 Tab., DM 27,—

HEFT 470
O. Wehrmann
Hitzdrahtmessungen in einer aufgespaltenen Kármánschen Wirbelstraße
1957, 42 Seiten, 14 Abb., 4 Tabellen, DM 10,90

HEFT 471
Prof. Dr. phil. habil. A. Naumann, Dr.-Ing. A. Heyser und Dr. phil. Dipl.-Ing. W. Trommsdorf, Aachen
Der Überdruck-Windkanal in Aachen
1957, 44 Seiten, 20 Abb., DM 11,—

HEFT 472
Dipl.-Ing. A. Freitag, Essen-Steele
Verhalten von Katalytstrahlern bei Betrieb mit Luftvormischung zum Gas und der Verbrennung von Luft gegen eine Gasatmosphäre
1958, 44 Seiten, 18 Abb., 1 Tabelle, DM 11,10

HEFT 473
Prof. Dr. phil. F. Wever, Dr.-Ing. W. Lueg und Dipl.-Ing. P. Funke jr. Düsseldorf
Versuche an einer hydraulischen 25 t-Stangenziehbank
1957, 34 Seiten, 11 Abb., DM 8,95

HEFT 474
Dr.-Ing. R. Ibing und Dipl.-Ing. G. Meier, Hannover
Eichung und Entwicklung von Staubentnahmesonden
1958, 32 Seiten, 9 Abb., 2 Tabellen, DM 8,65

HEFT 475
Prof. Dipl.-Ing. W. Sturtzel, Obering. Helm und Dipl.-Ing. Heuser, Duisburg
Systematische Ruderversuche mit einem Schleppkahn und einem Binnenselbstfahrer vom Typ „Gustav Koenigs"
1958, 84 Seiten, 38 Abb., 4 Tabellen, DM 20,10

HEFT 476
Prof. Dipl.-Ing. W. Sturtzel und Dipl.-Ing. Schmidt-Stiebitz, Duisburg
Einfluß der Hinterschiffsform auf das Manövrieren von Schiffen auf flachem Wasser
in Vorbereitung

HEFT 477
Dr. K. Utermann, Dortmund
Freizeitprobleme bei der männlichen Jugend einer Zechengemeinde
1957, 56 Seiten, DM 12,75

HEFT 478
Prof. Dr.-Ing. habil. W. Petersen und Dr.-Ing. S. Wawroschek, Aachen
Brikettierungsversuche zur Erzeugung von Möllerbriketts unter Verwendung von Braunkohle
1957, 102 Seiten, 42 Abb., 6 Tabellen, DM 24,25

HEFT 479
Prof. Dr.-Ing. W. Wegener, Aachen, und Dipl.-Ing. H. Fourné, Bochum
Ursachen des Überschreitens der Toleranzgrenze nach oben oder unten (Meter pro Gramm) an der Strecke
1958, 60 Seiten, 17 Abb., 3 Tabellen, DM 14,60

HEFT 480
Dr. phil. K. Brücker-Steinkuhl, Düsseldorf
Anwendung mathematisch-statistischer Verfahren bei der Fabrikationsüberwachung
in Vorbereitung

HEFT 481
Oberbaurat Dr.-Ing. W. Meyer zur Capellen, Aachen
Fünf- und sechspunktige Geradführung in Sonderlagen des ebenen Gelenkvierecks
in Vorbereitung

HEFT 482
Dipl.-Ing. R. Pels-Leusden und Dr. K. Bergmann, Essen
Die Frostbeständigkeit von Ziegeln; Einflüsse der Materialzusammensetzung und des Brandes
1958, 84 Seiten, 31 Abb., 4 Tab., DM 20,45

HEFT 483
Prof. Dr.-Ing. habil. F. A. F. Schmidt, Aachen
Gemischbildungs-, Selbstzündungs- und Verbrennungsvorgänge als Grundlage für Entwicklungsarbeiten an Gasturbinenbrennkammern
in Vorbereitung

HEFT 484
Prof. Dr. habil. H. E. Schwiete und Dr. G. Schwiete, Aachen
Beitrag zur Struktur des Montmorillonit
in Vorbereitung

HEFT 485
Prof. Dr. phil. E. Jenckel, Aachen, Dr. H. Wilsing, Dormagen, Dr. H. Dörffurt, Wesseling/Bez. Köln und Dipl.-Phys. H. Rinkens, Eschweiler
Kristallisation der Hochpolymeren
in Vorbereitung

HEFT 486
Doz. Dr. med. E. Lerche und Dr. med. J. Schulze, Aachen
Hörermüdung und Adaptation im Tierexperiment
1958, 44 Seiten, 12 Abb., DM 10,55

HEFT 487
Prof. Dipl.-Ing. W. Blume, Duisburg
Festigkeitseigenschaften kombinierter Leichtbaustoffe im Hinblick auf die Verkehrstechnik, insbesondere des Flugzeugbaus
1958, 102 Seiten, 31 Abb., 2 Tabellen, DM 25,50

HEFT 488
Prof. Dr. habil. H. E. Schwiete und Dipl.-Chem. H. Westmark
Beitrag zur Kennzeichnung der Texturen von Schamottesteinen
1958, 62 Seiten, 34 Abb., 7 Tab., DM 16,80

HEFT 489
Dipl.-Math. K. H. Müller
Strenge Lösungen der Navier-Stokes-Gleichung für rotationssymmetrische Strömungen
1957, 64 Seiten, 23 Abb., DM 14,85

HEFT 490
Hauptstelle für Staub- und Silikosebekämpfung des Steinkohlenbergbauvereins, Essen-Rüttenscheid
Zur Staub- und Silikosebekämpfung im Steinkohlenbergbau
in Vorbereitung

HEFT 491
Prof. Dr. Fr. Lotze und K. Kötter, Münster
Chloridgehalte des oberen Emsgebietes und ihre Beziehungen zur Hydrogeologie
in Vorbereitung

HEFT 492
Prof.-Dr. phil. J. Meixner und B. Manz, Aachen
Zur Theorie der irreversiblen Prozesse in α-Eisen
1958, 22 Seiten, 1 Abb., DM 5,70

HEFT 493
Prof. Dr. phil. habil. A. Naumann und Dipl.-Ing. H. Pfeiffer, Aachen
Versuche an Wirbelstraßen hinter Zylindern bei hohen Geschwindigkeiten
1958, 46 Seiten, 19 Abb., DM 11,65

HEFT 494
Dipl.-Ing. W. Rohs und Text.-Ing. Griese, Bielefeld
Entwicklung und Erprobung eines verbesserten elektrischen Kettfadenwächtergeschirrs für die Leinen- und Halbleinenweberei
1957, 56 Seiten, 9 Abb., 11 Tabellen, DM 13,—

HEFT 495
Prof. Dr. phil. E. Asmus und Dr. rer. nat. H.-F. Kurandt, Berlin
Einige analytische Anwendungen der Zincke-Königschen Reaktion
1958, 46 Seiten, 14 Abb., 7 Tabellen, DM 11,45

HEFT 496
Dipl.-Chem. P. Vogel, Krefeld
Färberische Eigenschaften von zur Herstellung von Verdickungen in der Stoffdruckerei bestimmten Stoffen
1957, 38 Seiten, 3 Abb., 3 Tabellen, DM 9,30

HEFT 497
Oberarzt Dr. med. G. Mußgnug, Bottrop
Die Knochenveränderungen und der Knochenstoffwechsel beim Sudeck-Syndrom
1958, 58 Seiten, 18 Abb., DM 13,85

HEFT 498
Prof. Dr.-Ing. H. Zahn und Dr. rer. nat. W. Gerstner, Aachen
Herstellung säurefester technischer Gewebe
1957, 40 Seiten, 8 Tabellen, DM 9,65

HEFT 499
Priv.-Doz. Dr. J. Juilfs, Krefeld
Die Bestimmung des Wasserrückhaltevermögens (bzw. des Quellwertes) von Fasern
1958, 42 Seiten, 8 Abb., 8 Tabellen, DM 10,35

HEFT 500
Priv.-Doz. Dr. J. Juilfs, Krefeld
Vergleichende Untersuchungen am Schopper-Scheuerprüfgerät
1958, 74 Seiten, 34 Abb., verschied. Tab., DM 18,10

HEFT 501
Dipl.-Ing. W. Rohs und Dr. J. Geurten, Bielefeld
Untersuchungen in der Leinengarnbleiche
1958, 50 Seiten, 5 Abb., 5 Tabellen, DM 11,50

HEFT 502
Prof. Dr. M. Diem und Dr. R. Trappenberg, Karlsruhe
Berechnung der Ausbreitung von Staub und Gas
1957, 200 Seiten, mit zahlreichen Diagr., DM 37,30

HEFT 503
Dr. rer. nat. J. Faßbender, Bonn
Untersuchungen über die Eigenschaften von Cadmiumsulfid-Sandwich-Zellen
1957, 36 Seiten, 8 Abb., DM 8,80

HEFT 504
Prof. Dr. phil. F. Wever, Dr. phil. W. Wink und Dr. rer. nat. W. Jellinghaus, Düsseldorf
Versuchsanordnung zur Messung der Suszeptibilität paramagnetischer Stoffe und Meßergebnisse an Nickel-Chrom- und Kobalt-Nickel-Chrom-Werkstoffen
1958, 38 Seiten, 10 Abb., 2 Tabellen, DM 9,95

HEFT 505
Prof. Dr.-Ing. F. A. F. Schmidt und Dipl.-Ing. H. Heitland, Aachen
Einfluß des Selbstzündungsverhaltens der Kraftstoffe auf den Verbrennungsablauf, Wirkungsgrad und Druckverlust von Hochleistungsbrennkammern
in Vorbereitung

HEFT 506
Prof. Dr.-Ing. W. Meyer zur Capellen, Aachen
Der Flächeninhalt von Koppelkurven. — Ein Beitrag zu ihrem Formenwandel
in Vorbereitung

HEFT 507
Prof. Dr. H. Kaiser, Dr. G. Bergmann und Dr. G. Gresze, Dortmund
Kartei zur Dokumentation in der Molekülspektroskopie
in Vorbereitung

HEFT 508
Dr. H. Schmidt-Ries, Krefeld
Limnologische Untersuchungen des Rheinstromes I (Hydrobiologische und physiographische Untersuchungen)
1958, 76 Seiten, DM 33,90

HEFT 509
Dr. Schmidt-Ries, Krefeld
Limnologische Untersuchungen des Rheinstromes I (Tabellenwerk)
in Vorbereitung

HEFT 510
Prof. Dr. rer. nat. W. Groth und Dr.-Ing. K. Bayerle, Bonn
Anreicherung der Uranisotope nach dem Gaszentrifugenverfahren
1958, 88 Seiten, 43 Abb., DM 21,20

HEFT 511
H. Wahl, G. Kantenwein und W. Schäfer, Essen
Gesteinsbohr-Modellversuche zur Frage des Drehbohrens, Schlagbohrens und Drehschlagbohrens
in Vorbereitung

HEFT 512
Prof. Dr. H. Strassl, Bonn
Azimut-Monogramme für alle Stundenwinkel und Deklinationen im Bereich der geographischen Breiten von —80° bis +80°
in Vorbereitung

HEFT 513
Prof. Dr. W. Schmitz und Dr. rer. F. Schmitt, Mülheim/Ruhr
Die Verwendung des Magnetbandgerätes zur Speicherung des Kurvenverlaufs elektrischer Ströme
1958, 68 Seiten, 35 Abb., DM 17,65

HEFT 514
Dr. rer. nat. M.-E. Meffert, Essen
Die Kultur von Scenedesmus obliquus in Abwasser
1957, 46 Seiten, 7 Abb., 7 Tabellen, DM 10,85

HEFT 515
Prof. Dr. habil. H. E. Schwiete und Dr.-Ing. Chr. Hummel, Aachen
Thermochemische Untersuchungen im System SiO_2 und Na_2O—SiO_2
1958, 122 Seiten, 29 Abb., 28 Tabellen, DM 28,00

HEFT 516
Prof. Dr.-Ing. H. Müller, Dipl.-Ing. F. Reinke und Dipl.-Ing. W. Sorgenicht, Essen
Gesamtstrahlungsmessungen der Temperaturstrahlung
in Vorbereitung

HEFT 517
Prof. Dr. med. G. Lehmann und Dr. med. J. Meyer-Delius, Dortmund
Gefäßreaktionen der Körperperipherie bei Schalleinwirkung
1958, 36 Seiten, 12 Abb., DM 9,15

HEFT 518
Dr.-Ing. H. Scheffler, Dortmund
Funktionelle Zusammenhänge der dynamischen Einflußgrößen beim handgeführten Druckluft-Abbauhammer und ihre Berücksichtigung für die Konstruktion rückstoßarmer Hämmer
in Vorbereitung

HEFT 519
Prof. Dr. phil. F. Wever, Dr. phil. W. Koch und Dr. phil. S. Eckhard, Düsseldorf
Die spektrographische Bestimmung der Spurenelemente in Stahl ohne vorherige Abbrennung
1958, 50 Seiten, 22 Abb., DM 12,60

HEFT 520
Prof. Dr.-Ing. H. Opitz, Dipl.-Ing. H. Obrig und Dipl.-Ing. P. Kips, Aachen
Untersuchung neuartiger elektrischer Bearbeitungsverfahren
1958, 58 Seiten, 35 Abb., DM 14,70

HEFT 521
Prof. Dr.-Ing. H. Opitz und Dipl.-Ing. K. E. Schwartz, Aachen
Das Abrichten von Schleifscheiben mit Diamanten
1958, 72 Seiten, 34 Abb., 3 Tabellen, DM 17,15

HEFT 522
J. Lorentz und K. Brocks
Elektrische Meßverfahren in der Geodäsie
1958, 118 Seiten, 49 Abb., 5 Tab., DM 28,—

HEFT 523
K. Eberts
Entwicklungen einiger Meßverfahren und einer Frequenz- und amplitudenstabilisierten Meßeinrichtung zur gleichzeitigen Bestimmung der komplexen Dielektrizitäts- und Permeabilitätskonstante von festen und flüssigen Materialien im rechteckigen Hohlleiter und im freien Raum bei Frequenzen von 9200 und 33000 MHz
1958, 132 Seiten, 37 Abb., DM 30,20

HEFT 524
Dr. rer. nat. S. Lockau, Emlichheim
Versuche zur Gewinnung von Kartoffeleiweiß
1958, 56 Seiten, 2 Abb., DM 12,70

HEFT 525
Prof. Dr. Dr. h.c. H. P. Kaufmann und Dr. F. Weghorst, Münster
Beiträge zur Chemie und Technologie der Fetthärtung I
in Vorbereitung

HEFT 526
Dr. phil. habil. P. Hölemann und Ing. R. Hasselmann, Dortmund
Einfluß der Oberflächenbeschaffenheit der Wandung auf den Ablauf von Azetylenexplosionen
1958, 62 Seiten, 8 Abb., 10 Tabellen, DM 14,50

HEFT 527
Dr. rer. nat. K. G. Müller, Hanau/W.
Wärmeübertragung auf eine Flugstaubströmung im senkrechten Rohr sowie auf eine durchströmte Schüttgutschicht
in Vorbereitung

HEFT 528
Dr. P. Ney und Dr. F. Schwarz, Köln
Physikochemische Grundlagen der Bildsamkeit von Kalken unter Einbeziehung des Begriffs der aktiven Oberfläche
Kristallchemische Betrachtung der Bildsamkeit
1958, 110 Seiten, 34 Abb., 6 Tabellen, DM 26,75

HEFT 529
Dr. phil. G. Riedel, Dortmund
Messung und Regelung des Klimazustandes durch eine die Erträglichkeit für den Menschen anzeigende Klimasonde
1958, 78 Seiten, 35 Abb., DM 17,95

HEFT 530
Dr. med. O. Graf, Dortmund
Nervöse Belastung im Betrieb — I. Teil: Nachtarbeit und nervöse Belastung
in Vorbereitung

HEFT 531
Prof. Dr.-Ing. habil. K. Krekeler, Dipl.-Ing. H. Verhoeven und Dipl.-Ing. H. Ernenputsch, Aachen
Autogenes Entspannen bei niedrigen Temperaturen
in Vorbereitung

HEFT 532
Prof. Dr.-Ing. habil. K. Krekeler, Dipl.-Ing. H. Verhoeven und Dipl.-Ing. W. Krieweth, Aachen
Schutzgasschweißen mit kontinuierlich abschmelzender Elektrode von niedriglegierten Kohlenstoffstählen (Sigma-Schweißen)
in Vorbereitung

HEFT 533
Prof. Dr.-Ing. H. Opitz und Dipl.-Ing. W. Hölken, Aachen
Untersuchung von Ratterschwingungen an Drehbänken
1958, 84 Seiten, 44 Abb., 2 Tab., DM 19,70

HEFT 534
Oberbergamtsdirektor H. Sanders, Dortmund
Seismische Forschungsarbeiten im Ostteil des Grubenfeldes König Ludwig
in Vorbereitung

HEFT 535
Dr.-Ing. J. Lennertz, Köln
Einfluß des Ausbaugrades und Benutzungsgrades nachrichtentechnischer Einrichtungen auf die Gesamtwirtschaft
in Vorbereitung

HEFT 536
Dr. rer. nat. C. W. Czernin-Chudenitz, Krefeld
Limnologische Untersuchungen des Rheinstromes. — Quantitative Phytoplanktonuntersuchungen
in Vorbereitung

HEFT 537
Dr.-Ing. N. Gössl, Frankfurt/M.
Probleme der Zugförderung im Zusammenhang mit der Ausnutzung der Atom-Energie
in Vorbereitung

HEFT 538
Prof. Dr. K. Hinsberg, Düsseldorf
Reaktion zur Frühdiagnose von Krebserkrankungen
1958, 28 Seiten, 1 Abb., 3 Tabellen, DM 7,00

HEFT 539
Prof. Dr. L. v. Ubisch, Norwegen
Die philogenetischen Symmetrieveränderungen bei den Seeigeln
in Vorbereitung

HEFT 540
Prof. Dr. rer. nat. H. Krebs, Bonn
Die katalytische Aktivierung des Schwefels
in Vorbereitung

HEFT 541
Prof. Dr. O. Schmitz-DuMont, Bonn
Reaktionen in flüssigem Ammoniak zur Gewinnung von 1. Titanylamid, 2. Oxykobalt (III)-amiden, 3. Ammonobasischen Kobalt (III)-benzylaten
in Vorbereitung

HEFT 542
Dr. phil. nat. G. Zapf, Schwelm
Entwicklung eines Verfahrens zur Herstellung von Formteilen aus Sintermessing
in Vorbereitung

HEFT 543
Prof. Dr. phil. habil. H. E. Schwiete, Dr. phil. H. Müller-Hesse und Dipl.-Ing. G. Gelsdorf, Aachen
Einlagerungsversuche an synthetischem Mullit
Teil II
1958, 42 Seiten, 5 Abb., 10 Tab., DM 10,—

HEFT 544
Prof. Dr. phil. habil. H. E. Schwiete, Dr.-Ing. A. K. Bose und Dr. phil. H. Müller-Hesse, Aachen
Die Schmelzphase in Schamottesteinen. — Teil II
in Vorbereitung

HEFT 545
Prof. Dr. phil. habil. H. E. Schwiete, Dr. rer. nat. G. Ziegler und Dipl.-Ing. Ch. Kliesch, Aachen
Thermochemische Untersuchungen über die Dehydration des Montmorillonits
in Vorbereitung

HEFT 546
Prof. Dr.-Ing. K. Leist und K. Graf, Aachen
Vergleich von Gleichdruck- und Verpuffungsgasturbinen
in Vorbereitung

HEFT 547
Prof. Dr.-Ing. K. Leist, K. Graf und D. Stojek, Aachen
Das betriebliche Verhalten von Gasturbinen-Fahrzeugen
in Vorbereitung

WESTDEUTSCHER VERLAG · KÖLN UND OPLADEN

HEFT 548
Prof. Dr.-Ing. K. Leist und J. Weber, Aachen
Spannungsoptische Untersuchungen von Turbinenscheiben mit angefrästen und eingesetzten Schaufeln
in Vorbereitung

HEFT 549
Dr.-Ing. R. Merten, Duisburg
Resonanzanpassung bei einem Tiefpaß
1958, 36 Seiten, 16 Abb., DM 9,—

HEFT 550
Dr. H. Stephan, Bonn
Elektrisches Standhöhenmeßgerät für Flüssigkeiten
1958, 40 Seiten, 13 Abb., 2 Tab., DM 10,10

HEFT 551
Prof. Dr. phil. W. Weizel und Dipl.-Phys. B. Brandt, Bonn
Betriebsbedingungen einer stromstarken Glimmentladung
1958, 68 Seiten, 18 Abb., DM 16,00

HEFT 552
Dr.-Ing. G. Leiber und Dipl.-Ing. D. Schauwinhold, Duisburg-Hamborn
Versuche zur Erzeugung halbberuhigten Stahles
1958, 42 Seiten, 23 Abb., 6 Tabellen, DM 11,30

HEFT 553
Prof. Dr. rer. pol. G. Garbotz und Dipl.-Ing. J. Theiner, Aachen
Untersuchungen der Walzverdichtungsvorgänge auf Lößlehm, Kies und Schotter
in Vorbereitung

HEFT 554
Prof. Dr.-Ing. H. Müller, Essen
Untersuchung von Elektrowärmegeräten für Laienbedienung hinsichtlich Sicherheit und Gebrauchsfähigkeit. — Teil II: Temperaturen an und in schmiegsamen Elektrogeräten
in Vorbereitung

HEFT 555
Prof. Dr. med. H. Elbel und Dipl.-Phys. K. Sellier, Bonn
Der Nachweis kleinster CO-Mengen in Körperflüssigkeiten
1958, 36 Seiten, 12 Abb., DM 9,10

HEFT 556
Prof. Dr. A. Gütgemann und Dr. med. G. Karcher, Bonn
Klinische und experimentelle Untersuchungen mit Hilfe einer künstlichen Niere
1958, 28 Seiten, 4 Abb., DM 7,10

HEFT 557
Dr.-Ing. H. Schiffers, Dipl.-Ing. D. Ammann, Dipl.-Ing. E. Brugger und R. Dicke, Aachen
Härtbarkeit von Gußeisen mit Lamellen- und Kugelgraphit in Abhängigkeit von Zusammensetzung und Gefüge
1958, 44 Seiten, 24 Abb., 1 Tab., DM 11,—

HEFT 558
Dr. phil. C. A. Roos, Aachen
Menschlich bedingte Fehlleistungen im Betrieb und Möglichkeiten ihrer Verringerung
in Vorbereitung

HEFT 559
Prof. Dr. H. E. Schwiete und Dipl.-Chem. R. Gauglitz, Aachen
Die Verflüssigung von Montmorillonitschlämmen
in Vorbereitung

HEFT 560
Prof. Dr. med. J. Vonkennel und Dr. G. Froitzheim, Köln
Zur Prüfung silikonhaltiger Hautschutzsalben
in Vorbereitung

HEFT 561
Prof. Dr.-Ing. W. Sturtzel und Dr.-Ing. Schmidt-Stiebitz, Duisburg
Verbesserung des Wirkungsgrades von Düsenpropellern durch zusätzlich angeordnete Mischdüsen
in Vorbereitung

HEFT 562
Prof. Dr.-Ing. H. Schenck, Prof. Dr. phil. habil N. G. Schmahl und Dr.-Ing. G. Funke, Aachen
Die Reduzierbarkeit von Eisenerzen
in Vorbereitung

HEFT 563
Dr. D. v. Oppen, Dortmund
Beiträge zur Soziologie der Gemeinde im Ruhrgebiet. — II. Familien in ihrer Umwelt
in Vorbereitung

HEFT 565
Dr. K. Hahn und Dr. R. Mackensen, Dortmund
Beiträge zur Soziologie der Gemeinde im Ruhrgebiet. — IV. Die kommunale Neuordnung des Ruhrgebietes, dargestellt am Beispiel Dortmunds
in Vorbereitung

HEFT 566
Dr. H. Klages, Dortmund
Der Nachbarschaftsgedanke und die nachbarliche Wirklichkeit in der Großstadt
in Vorbereitung

HEFT 567
Dr. rer. nat. K. Sauerwein, Düsseldorf
Anwendungen radioaktiver Isotope in der Technik
in Vorbereitung

HEFT 568
Prof. Dr. Alde, Dipl.-Chem. M. Dollhausen und Dipl.-Chem. M. Tremery, Köln
Über einige neue Reaktionen des Indens
in Vorbereitung

HEFT 569
Dr. phil. habil. P. Hölemann, Ing. R. Hasselmann und J. Strootmann, Düsseldorf
Acetylenverluste an Naßentwicklern
in Vorbereitung

HEFT 570
Prof. Dr.-Ing. habil. K. Krekeler, Dr.-Ing. H. Peukert und Dipl.-Ing. O. Schwarz, Aachen
Kerbempfindlichkeit thermoplastischer Kunststoffe abhängig von der Kerbform und der Beanspruchungstemperatur
in Vorbereitung

HEFT 571
Privatdozent Dr. med. W. Klosterkötter, Münster
Wirkung der Kieselsäure bei der Entstehung der Silikose
1958, 166 Seiten, 98 Abb., DM 41,95

HEFT 572
Dipl.-Kaufmann Dipl.-Volksw. Jean-Baptiste Felten, Köln
Wert und Bewertung ganzer Unternehmungen unter besonderer Berücksichtigung der Energiewirtschaft
in Vorbereitung

HEFT 573
Prof. Dr. phil. F. Wever, Dr. rer. nat. W. Jellinghaus und Dr.-Ing. Toshimori Shuin, Düsseldorf
Gemischt-keramische Sinterwerkstoffe aus Aluminiumoxyd und Eisen oder Eisenlegierungen
in Vorbereitung

HEFT 574
Dr.-Ing. habil. H. Klingelhöffer, München
Trocknungsvorgänge beim Beschichten von Papier und Pappen mit Kunststoffdispersionen
in Vorbereitung

HEFT 575
Prof. Dr. phil. habil. C. Kröger, Aachen
Verkokungsverhalten der Steinkohlenmacerale und ihrer Mischungen
in Vorbereitung

HEFT 576
Prof. Dr. F. Micheel und Dr. H. G. Bussmann, Münster
Untersuchung synthetischer Kohlenhydrat-Eiweißverbindungen mit der Ultracentrifuge bei der Elektrophorese
in Vorbereitung

HEFT 577
S. Ruff u. a.
Untersuchungen zur therapeutischen Anwendung des Sauerstoffmangels
1958, 128 Seiten, 30 Abb., DM 29,10

HEFT 578
G. Fellner
Der Einfluß der Fluggeschwindigkeit auf die Wirtschaftlichkeit von Durch- und Ausstromtriebwerk
in Vorbereitung

HEFT 579
Dipl.-Ing. H. J. Koch, Essen
Untersuchungen über den Abhebedruck von Brenngasen
in Vorbereitung

HEFT 580
Prof. Dr.-Ing. A. Götte und Dipl.-Chem. G. Scholz, Aachen
Unterstützung der Entwässerung von Feinkohle durch chemische Hilfsmittel
in Vorbereitung

HEFT 581
Obermedizinalrat a. D. Dr. med. F. Bassermann, Regensburg
Elektronenoptische Untersuchungen an Ultradünnschnitten des Tuberkulose-Erregers sowie der käsigen Gewebsnekrose und zum Problem des Vorkommens einer mycobakteriellen L-Phase
in Vorbereitung

HEFT 582
Dr. phil. C. A. Roos, Aachen
Arbeitsleistung und Arbeitsgüte
in Vorbereitung

HEFT 583
Prof. Dr. phil. F. Kirchner, Dipl.-Phys. H. Baron und Dipl.-Phys. H. Kirchner, Köln
Verwendbarkeit von Zählrohren zu massenspektrometrischen Untersuchungen
in Vorbereitung

HEFT 584
G. Kroebel, Köln
Maßnahmen der Nachwuchs- und Talentförderung im Deutschen Gewerkschaftsbund
1958, 72 Seiten, DM 16,35

HEFT 585
Dr. phil. M. Simoneit, Köln
Gedanken und Vorschläge zur Auslese technischer Talente
in Vorbereitung

HEFT 586
Dr.-Ing. W. A. Fischer und Dr. rer. nat. A. Hoffmann, Düsseldorf
Verhalten von Eisen- und Stahlschmelzen im Hochvakuum
in Vorbereitung

HEFT 587
Dipl.-Ing. H. Schmidt, Krefeld
Auswirkung der Strömungsverhältnisse in Trommelwaschmaschinen unter besonderer Berücksichtigung des Durchlaufspülens
in Vorbereitung

HEFT 588
Dr.-Ing. W. Wilhelm, Aachen
Untersuchungen über den Einfluß der Auspuffrohrabmessungen auf den Ladungswechsel einer Einzylinder-Zweitakt-Vergasermaschine mit Kurbelkastenspülung
in Vorbereitung

HEFT 589
Prof. Dr. phil. habil. C. Kröger, Aachen
Wärmebedarf der Silikatglasbildung
in Vorbereitung

HEFT 590
Übergabe des Synchro-Zyklotrons an das Institut für Strahlen- und Kernphysik der Universität Bonn am 8. Mai 1957
in Vorbereitung

HEFT 591
Dr. Schairer, Köln
Aufgabe, Struktur und Entwicklung der Stiftungen
in Vorbereitung

HEFT 592
Verein zur Förderung des Forschungsinstituts für Rationalisierung an der Rhein.-Westf. Technischen Hochschule Aachen
Das Forschungsinstitut für Rationalisierung an der Rhein.-Westf. Technischen Hochschule Aachen
in Vorbereitung

HEFT 593
Dr. phil. C. A. Roos, Aachen
Berufseignung und Berufseinsatz — I. Teil
in Vorbereitung

HEFT 594
Prof. Dr. A. Nikuradse, München
Energieabsorption von Atomkernstrahlen in organischen Stoffen und durch sie hervorgerufene Reaktionsprozesse
in Vorbereitung

HEFT 595
Prof. Dr. A. Nikuradse und Dipl.-Phys. K. Kugler, München
Einfluß der molekularen bzw. atomaren Beschaffenheit der Festwandoberflächenschicht auf die Wechselwirkung zwischen auftreffenden Gasmolekülen und der Wand
in Vorbereitung

HEFT 596
Dipl.-Ing. K.-H. Hardieck, Aachen
Theoretische und experimentelle Untersuchungen der stationären Vorgänge in magnetischen Verstärkern
in Vorbereitung

HEFT 597
Prof. Dr. phil. F. Wever, Dr. phil. W. Wink und Dr. rer. nat. W. Jellinghaus, Düsseldorf
Suszeptibilitätsmessungen an hochwarmfesten Legierungen auf Nickel-Chrom- und Kobalt-Nickel-Chrom-Grundlage
in Vorbereitung

HEFT 598
Prof. Dr.-Ing. F. A. F. Schmidt, Aachen
Hydrodynamische und mechanische Gesetzmäßigkeit eines nach dem Scheibenverteilerprinzip arbeitenden Einspritzsystems für Ottomotore
in Vorbereitung

WESTDEUTSCHER VERLAG · KÖLN UND OPLADEN

HEFT 599
Dr. phil. W. Koch und Dipl.-Phys. Dr. phil. H. Sundermann, Düsseldorf
Elektrochemische Grundlagen der Isolierung von Gefügebestandteilen in metallischen Werkstoffen
in Vorbereitung

HEFT 600
Dr. phil. W. Koch, Dr. phil. S. Eckhard und Dr. rer. nat. F. Stricker, Düsseldorf
Die lichtelektrische Spektralanalyse der Gase im Stahl
in Vorbereitung

HEFT 601
W. Barbo und E. Stiller, Köln
Die Lage des Technisch-Wissenschaftlichen Nachwuchses und der Technisch-Wissenschaftlichen Hochschulen in der Bundesrepublik
in Vorbereitung

HEFT 602
H. von Stebut, Köln
Die Hochschulen in der Aufwärtsentwicklung Westdeutschlands
in Vorbereitung

HEFT 603
Prof. Dr.-Ing. L. Engel und Dr.-Ing. J. Foerster, Clausthal-Zellerfeld
Gummielastische Stoffe als Dämpfungselemente an schlagenden Werkzeugen
in Vorbereitung

HEFT 604
Dipl.-Ing. H. Gröttrup, Aachen
Studienanalyse halbautomatischer Dokumentationsselektoren
in Vorbereitung

HEFT 605
Ing. L. Bommes, M.-Gladbach
Bestimmung von Leistung und Wirkungsgrad eines Ventilators
in Vorbereitung

HEFT 606
Oberbaurat Prof. Dr.-Ing. W. Meyer zur Capellen, Aachen
Eine Getriebegruppe mit stationärem Geschwindigkeitsverlauf
in Vorbereitung

HEFT 607
Prof. Dr. rer. pol. H. Jecht, Münster
Die Wettbewerbslage der westdeutschen Juteindustrie
in Vorbereitung

HEFT 608
Prof. Dr. habil. W. Linke und
Dipl.-Ing. W. Hufschmidt, Aachen
Wärmeübergang bei pulsierender Strömung
in Vorbereitung

HEFT 609
Technisch-Wissenschaftliches Büro für die Bastfaserindustrie, Bielefeld
Verteilung der Bastfasern im Verzugsfeld einer Nadelstabstrecke
1958, 56 Seiten, 10 Abb., 2 Tab., DM 13,45

HEFT 610
Prof. J. W. Korte, Dr.-Ing. P. A. Mäcke und Dipl.-Ing. R. Lapierre
Gestaltung von Straßenverkehrsanlagen
in Vorbereitung

HEFT 611
Dr. R. Schairer, Köln
Aufgaben der Talentförderung
in Vorbereitung

HEFT 612
Dr. H. Bauer, Köln
Der Betrieb als Bildungsfaktor
in Vorbereitung

HEFT 613
Prof. Dr. phil. habil. E. Graeser, Göttingen
Vergleichende Studien über die Art, die Bedeutung und den Erfolg der Ausbildung von Ingenieuren, Mathematikern und Naturwissenschaftlern in der sogenannten Deutschen Demokratischen Republik und in der Bundesrepublik
in Vorbereitung

HEFT 614
Prof. Dr. W. Weltzien, Krefeld
Die Textilforschungsanstalt Krefeld 1920—1958
Ein Bericht zur Einweihung ihres Neubaus Frankenring 2
1958, 100 Seiten, 16 Abb., 23,50

HEFT 615
Prof. Dr. W. Weizel und Duk Hyun Whang, Bonn
Stromverteilung auf der Kathode einer Glimmentladung in Spalten bei hohen Drucken und abseits stehender Anode
in Vorbereitung

HEFT 616
Prof. Dr. W. Weizel und W. Oblendorf, Bonn
Die Glimmentladung in spaltartigen Entladungsräumen
in Vorbereitung

HEFT 617
Prof. Dipl.-Ing. W. Sturzel und Dr.-Ing. W. Graff, Duisburg
Systematische Untersuchungen von Kleinschiffsformen auf flachem Wasser im unter- und überkritischen Geschwindigkeitsbereich
in Vorbereitung

HEFT 618
Prof. Dipl.-Ing. W. Sturtzel, Dr.-Ing. W. Graff, Duisburg
Untersuchungen der in stehendem und strömendem Wasser festgestellten Änderungen des Schiffswiderstandes durch Druckmessungen
in Vorbereitung

HEFT 619
Prof. Dr. med. O. Graf, Dr. med. Dr. phil. J. Rutenfranz, Dortmund
Zur Frage der Belastung von Jugendlichen
in Vorbereitung

HEFT 620
Dr. rer. nat. D. Horstmann, Düsseldorf
Der Einfluß von Aluminium im Eisen- und im Zinkbad auf den Zinkangriff
in Vorbereitung

HEFT 621
Techn.-Wissensch. Büro für die Bastfaser-Industrie, Bielefeld
Untersuchungen zur Verbesserung des Leinenwebstuhles V
in Vorbereitung

HEFT 622
Prof. Dr. W. Franz, Münster
Theorie der Elektronenbeweglichkeit in Halbleitern
in Vorbereitung

HEFT 623
Dr. phil. C. A. Roos, Aachen
Berufseignung und Berufseinsatz, II. Teil
in Vorbereitung

HEFT 624
Prof. Dr. G. Schmölders, Köln
Progression und Regression
in Vorbereitung

HEFT 625
Prof. Dr.-Ing. habil. W. Petersen und Dr.-Ing. S. Wawroscheck, Aachen
Brikettierungsversuche zur Erzeugung von Möllerbriketts für die Schwelverhüttung
in Vorbereitung

HEFT 626
Deutsches Krankenhaus-Institut e.V., Düsseldorf
Arbeitsabläufe auf Krankenstationen
in Vorbereitung

HEFT 627
Prof. Dr. phil. H. Wurmbach, Bonn
Steuerung von Wachstum und Formbildung
in Vorbereitung

HEFT 628
Prof. Dr.-Ing. E. Siebel, Düsseldorf
Die Ermittlung der Fließkurven von Schraubenwerkstoffen
in Vorbereitung

WESTDEUTSCHER VERLAG · KÖLN UND OPLADEN

If you have any concerns about our products,
you can contact us on
ProductSafety@springernature.com

In case Publisher is established outside the EU,
the EU authorized representative is:
**Springer Nature Customer Service Center GmbH
Europaplatz 3, 69115 Heidelberg, Germany**

Printed by Libri Plureos GmbH
in Hamburg, Germany